Linux 是怎样工作的

[日] 武内觉 / 著　　曹栩 / 译

How
Linux
Works

人民邮电出版社

北　京

图书在版编目（CIP）数据

Linux 是怎样工作的 /（日）武内觉著；曹栩译. --
北京：人民邮电出版社，2022.3
（图灵程序设计丛书）
ISBN 978-7-115-58161-7

Ⅰ. ①L… Ⅱ. ①武… ②曹… Ⅲ. ①Linux 操作系统
Ⅳ. ①TP316.85

中国版本图书馆 CIP 数据核字 (2021) 第 241778 号

内 容 提 要

　　本书结合大量实验程序和图表，通俗易懂地介绍了 Linux 操作系统的运行原理和硬件的基础知识，涉及进程管理、进程调度器、内存管理、存储层次、文件系统和外部存储器等。实验程序使用 C 语言和 Python 编写，读者可亲自动手运行程序，来确认系统的行为。另外，以图解的方式介绍各知识点，简明且直观，能够帮助读者加深理解。读者只需对 Linux 基本命令有所了解，即可轻松阅读。

　　本书适合应用程序开发人员、系统设计师、运维管理人员和技术支持人员等人士阅读。

◆ 著　　　　[日] 武内觉
　　译　　　　曹　栩
　　责任编辑　杜晓静
　　责任印制　周昇亮
◆ 人民邮电出版社出版发行　　北京市丰台区成寿寺路 11 号
　　邮编　100164　电子邮件　315@ptpress.com.cn
　　网址　https://www.ptpress.com.cn
　　固安县铭成印刷有限公司印刷
◆ 开本：880×1230　1/32
　　印张：9.25　　　　　　　　　2022 年 3 月第 1 版
　　字数：284 千字　　　　　　　2025 年 1 月河北第 19 次印刷
　　著作权合同登记号　图字：01-2021-0256 号

定价：69.80 元
读者服务热线：(010)84084456-6009　印装质量热线：(010)81055316
反盗版热线：(010)81055315
广告经营许可证：京东市监广登字 20170147 号

推荐序

我很久以前就认识本书作者武内先生了，回想起来也一同工作十年左右了。

武内先生非常擅长教学。在本职工作之外，他每年还会受邀对大企业中软件开发相关职位的新员工进行操作系统运行原理方面的培训，非常能干。无论是从新员工对培训的满意程度来说，还是从对培训内容的理解程度来说，他的培训都受到了很高的评价，因此在公司内也有口皆碑。另外，在 IPA[①] 的安全知识集训营等中，他所做的操作系统方面的介绍也受到了学生的欢迎。

我也有过培训新人的经历，深知教操作系统有多难。因为不得不从硬件知识开始讲起，所以每一个知识点都需要讲很长时间。而理解这些知识点需要拥有基本的编程知识，这难免会让初学者打起退堂鼓。

武内先生的教学方式非常独特。他经常使用丰富的图表和能够验证所讲知识的实验数据，来简明且直观地解释各个知识点。比如，在讲解对注重性能的程序来说必不可少的高速缓存时，他会以"图解"的方式说明高速缓存的工作原理，并用图表展示内存与高速缓存的速度差距。通过这种方式，他大大提高了新人编写程序的质量。

看到武内先生基于他丰富的教学经验，把他关于操作系统运行原理的见解总结到一本书中，我感到无比兴奋。正如书名所示，这本书的主题是 Linux，因此如果你想了解 Linux 系统是怎样工作的，或者想尝试自制操作系统，或者想优化程序性能，那么这本书一定会对你有所帮助。

Linux 内核黑客、Ruby 语言贡献人

小崎资广

2018 年 1 月 30 日

[①] 即 Information-technology Promotion Agency（信息技术促进机构），是日本的一个独立行政法人，旨在推出解决社会问题和促进产业发展的方针，同时强化信息安全对策，培育优秀的 IT 人才等。——编者注

前　言

　　本书的目标是，通过实际动手操作，一边验证结果，一边讲解构成计算机系统的操作系统（以下简称 OS）和硬件设备的运行原理。本书介绍的OS 是 Linux，目标读者是应用程序开发人员、系统设计师、运维管理人员和技术支持人员等。只要知道 Linux 的基本命令，就能阅读本书。

　　由于现代计算机系统的层次化和功能细分化，用户一般不会直接意识到 OS 和硬件设备。层次化通常用如图 0-1 所示的漂亮模型来解释。负责任意一层的人，只需了解比他负责的那一层更深的一层就可以了。比如，运维管理人员只需了解应用程序的外部构成就行，应用程序开发人员只需知道如何运用库就行。

图 0-1　计算机系统的层次（漂亮的模型）

　　但是，现实中的系统其实是像图 0-2 那样的。不管哪一层，都与其他层有着复杂的关联。如果只了解其中一部分，就会遇到很多自己解决不了的问题。而且现实情况是，人们通常不得不在实际工作中花费大量时间去学习覆盖这么多层的知识。

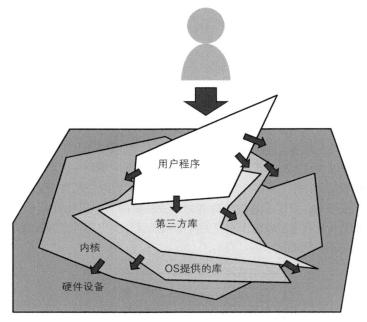

图 0-2　计算机系统的层次（现实情况）

笔者编写本书的目的就是解决这一问题。

通过阅读本书，读者可以在以下方面得到提升 [①]。

- 根据硬件的特性更好地开发软件
- 明白应该依照什么指标来设计系统
- 冷静地处理 OS 或硬件设备相关的问题

◆　◆　◆

　　需要说明的是，由于网络相关的信息庞杂，如果将其写入本书，本书的主旨将变得模糊不清，所以本书不介绍网络相关的内容。

[①]　虽说如此，但本书的目标读者并非想成为 OS 或硬件方面的专家的人。本书的内容只是笔者根据自己的判断精选的、至少需要了解的 OS 和硬件设备的相关知识。

　　本书提供了大量实验程序，读者可以通过亲自动手运行程序，来确认系统的行为。建议大家一定要亲自动手运行，这是因为与"只看书"相比，"边看边尝试"的学习效果要好得多。实验程序可以从本书的支持页面（iituring.cn/book/2867^①）下载。此外，关于函数的含义，书中也会稍作解释。由于源代码的开源许可证是 GPL v2，所以大家可以随意使用或更改。对于不想运行程序的读者，本书也展示了笔者的计算机上的运行结果，只要理解了相应的内容，就完全没问题。

　　本书中的实验程序是使用 C 语言和 Python 编写的，另外也有少量 Bash 脚本。这里顺便补充一下使用 C 语言的理由。与现今流行的 Go 或 Python 等编程语言相比，C 语言只有比较原始的功能，因此其生产力较低。但是，拥有比较原始的功能就意味着，可以通过它看到 OS 和硬件设备原本的样子，这一点与本书目标一致，因此本书选择使用 C 语言来编写实验程序。

　　在本书中，实验程序的运行环境是 Ubuntu 16.04/x86_64。不过，由于实验程序并不依赖 Linux 发行版，所以即使 Ubuntu 的版本不同，或者发行版不同，程序也应该可以正常运行。此外，请尽量使用搭建在实体机而非虚拟机上的系统，因为在虚拟机中，部分实验程序的运行结果会和本书不一样。

　　在运行实验程序或收集其他统计信息时，需要以下软件包。

- **binutils**
- **build-essential**
- **sysstat**

这些软件包可以通过以下命令来安装。

```
$ sudo apt install binutils build-essential sysstat
```

本书中的数据是在如下配置的计算机上得到的。

- CPU：Ryzen 1800X（超线程关闭）

---

① 请至"随书下载"处下载本书实验程序。——编者注

- RAM：Kingston KVR24N17S8/8 × 4（32 GB）
- SSD：Crucial CT275X200（256 GB）
- HDD：SEAGATE ST3000DM001（3 TB）
- Ubuntu 16.04/x86_64
- Linux 内核：4.10.0-40-generic

目　录

第 1 章　计算机系统的概要 ……………………………………… 1

第 2 章　用户模式实现的功能 ……………………………… 11

2.1　系统调用 ……………………………………… 12

2.2　系统调用的包装函数 …………………………… 22

2.3　C 标准库 ……………………………………… 24

2.4　OS 提供的程序 ………………………………… 26

第 3 章　进程管理 ………………………………………… 27

3.1　创建进程 ……………………………………… 28

3.2　fork( ) 函数 …………………………………… 28

3.3　execve( ) 函数 ………………………………… 31

3.4　结束进程 ……………………………………… 38

第 4 章　进程调度器 ……………………………………… 41

4.1　关于实验程序的设计 ……………………………… 43

4.2 实验程序的实现 ·················· 44

4.3 实验 ······························ 48

4.4 思考 ······························ 53

4.5 上下文切换 ······················ 54

4.6 进程的状态 ······················ 55

4.7 状态转换 ························ 57

4.8 空闲状态 ························ 59

4.9 各种各样的状态转换 ·············· 61

4.10 吞吐量与延迟 ··················· 63

4.11 现实中的系统 ··················· 69

4.12 存在多个逻辑 CPU 时的调度 ······ 70

4.13 实验方法 ······················ 71

4.14 实验结果 ······················ 72

4.15 吞吐量与延迟 ··················· 76

4.16 思考 ··························· 77

4.17 运行时间和执行时间 ············· 78

4.18 进程睡眠 ······················ 84

4.19 现实中的进程 ··················· 85

4.20 变更优先级 ···················· 87

第5章 内存管理 ···················· 95

5.1 内存相关的统计信息 ············· 96

5.2 内存不足 ······················ 98

5.3 简单的内存分配 ················ 101

5.4　虚拟内存 ································· 106

5.5　页表 ······································· 108

5.6　实验 ······································· 110

5.7　为进程分配内存 ···················· 111

5.8　实验 ······································· 116

5.9　利用上层进行内存分配 ·········· 118

5.10　解决问题 ······························ 121

5.11　虚拟内存的应用 ··················· 126

5.12　文件映射 ······························ 127

5.13　请求分页 ······························ 131

5.14　写时复制 ······························ 145

5.15　Swap ··································· 151

5.16　多级页表 ······························ 159

5.17　标准大页 ······························ 163

第6章　存储层次 ······························· 167

6.1　高速缓存 ······························ 168

6.2　高速缓存不足时 ····················· 173

6.3　多级缓存 ······························ 175

6.4　关于高速缓存的实验 ·············· 176

6.5　访问局部性 ··························· 180

6.6　总结 ······································· 181

6.7　转译后备缓冲区 ····················· 181

6.8　页面缓存 ······························ 181

6.9 同步写入 ·································· 186

6.10 缓冲区缓存 ·································· 187

6.11 读取文件的实验 ·································· 187

6.12 写入文件的实验 ·································· 194

6.13 调优参数 ·································· 196

6.14 总结 ·································· 198

6.15 超线程 ·································· 199

第 7 章 文件系统 ·································· 203

7.1 Linux 的文件系统 ·································· 207

7.2 数据与元数据 ·································· 210

7.3 容量限制 ·································· 211

7.4 文件系统不一致 ·································· 212

7.5 日志 ·································· 214

7.6 写时复制 ·································· 218

7.7 防止不了的情况 ·································· 221

7.8 文件系统不一致的对策 ·································· 221

7.9 文件的种类 ·································· 223

7.10 字符设备 ·································· 224

7.11 块设备 ·································· 225

7.12 各种各样的文件系统 ·································· 228

7.13 基于内存的文件系统 ·································· 228

7.14 网络文件系统 ·································· 230

7.15 虚拟文件系统 ·································· 231

7.16　Btrfs ·· 233

第 8 章　外部存储器 ···································· 241

8.1　HDD 的数据读写机制 ···················· 242

8.2　HDD 的性能特性 ·························· 244

8.3　HDD 的实验 ······························ 246

8.4　实验程序 ································· 247

8.5　顺序访问 ································· 251

8.6　随机访问 ································· 253

8.7　通用块层 ································· 254

8.8　I/O 调度器 ······························ 255

8.9　预读 ···································· 256

8.10　实验 ··································· 258

8.11　SSD ··································· 267

8.12　总结 ··································· 279

后记　　·· 280

第 **1** 章

计算机系统的概要

本章将简要说明什么是 OS，以及 OS 与硬件设备的关系。本章有很多比较抽象的描述，因此读者也可以暂时跳过本章，在需要时再回来查看相关内容。

世界上有各种计算机系统，比如大家身边的个人计算机、智能手机、平板电脑，以及平时不怎么接触的商用服务器等。虽然这些计算机系统上的硬件结构存在各种各样的差异，但大体上为如图 1-1 所示的结构。

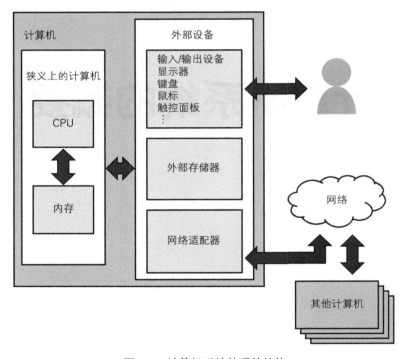

图 1-1　计算机系统的硬件结构

在计算机系统运行时，在硬件设备上会重复执行以下步骤。

① 通过输入设备或网络适配器，向计算机发起请求。

② 读取内存中的命令，并在 CPU 上执行，把结果写入负责保存数据的内存区域中。

③ 将内存中的数据写入 HDD（Hard Disk Drive，硬盘驱动器）、SDD

（Solid State Disk，固态硬盘）等存储器，或者通过网络发送给其他计算机，或者通过输出设备提供给用户。

④ 回到步骤①。

由这些重复执行的步骤整合而成的对用户有意义的处理，就称为**程序**。程序大体上分为以下几种。

- **应用程序**：能让用户直接使用，为用户提供帮助的程序，例如计算机上的办公软件、智能手机和平板电脑上的应用
- **中间件**：将对大部分应用程序通用的功能分离出来，以辅助应用程序运行的程序，例如 Web 服务器、数据库系统
- **OS**：直接控制硬件设备，同时为应用程序与中间件提供运行环境的程序，例如 Linux

以上这些程序如图 1-2 所示相互协作着运行。

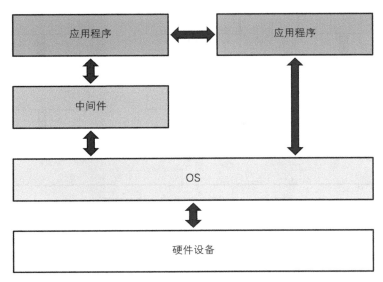

图 1-2　各种程序相互协作着运行

通常情况下，程序在 OS 上以进程为单位运行。每个程序由一个或者多个进程构成（图 1-3）。包括 Linux 在内的大部分 OS 能同时运行多个进程。

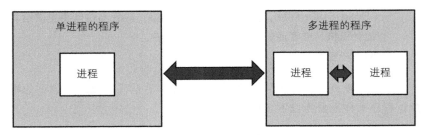

图 1-3 程序由一个或者多个进程构成

下面我们来介绍一下 Linux，以及 Linux 与硬件设备的关系。虽然下面的很多内容不仅适用于 Linux，也适用于其他 OS，但为了便于说明，在此不作具体区分。

调用外部设备（以下简称"设备"）是 Linux 的一个重要功能。如果没有 Linux 这样的 OS，就不得不为每个进程单独编写调用设备的代码（图 1-4）。

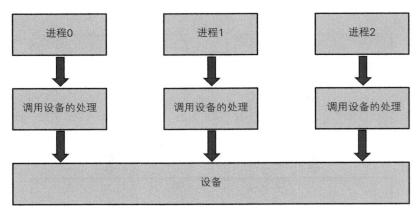

图 1-4 当不存在 OS 时的设备调用

在这种情况下，会存在以下缺点。

- 应用程序开发人员必须精通调用各种设备的方法
- 开发成本高
- 当多个进程同时调用设备时，会引起各种预料之外的问题

为了解决上述问题，Linux 把设备调用处理整合成了一个叫作**设备驱**

动程序的程序，使进程通过设备驱动程序访问设备（图 1-5）。

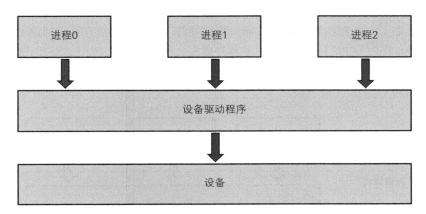

图 1-5 进程通过设备驱动程序访问设备

虽然世界上存在各种设备，但对于同一类型的设备，Linux 可以通过同一个接口进行调用（图 1-6）。

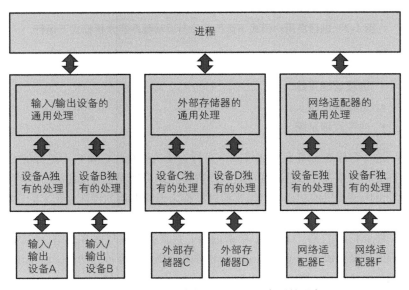

图 1-6 通过同一个接口调用同一类型的设备

在某个进程因为 Bug 或者程序员的恶意操作而违背了"通过设备驱动程序访问设备"这一规则的情况下，依然会出现多个进程同时调用设备的情况。为了避免这种情况，Linux 借助硬件，使进程无法直接访问设备。具体来说，CPU 存在**内核模式**和**用户模式**两种模式，只有处于内核模式时才允许访问设备。另外，使设备驱动程序在内核模式下运行，使进程在用户模式下运行（图 1-7）。

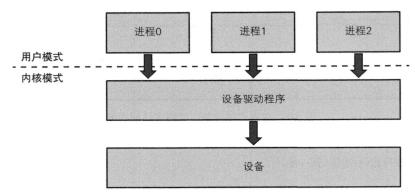

图 1-7　进程在用户模式下运行，设备驱动程序在内核模式下运行

除此之外，还有许多不应被普通进程调用的处理程序，如下所示。

- **进程管理系统**
- **进程调度器**
- **内存管理系统**

这些程序也全都在内核模式下运行。把这些在内核模式下运行的 OS 的核心处理整合在一起的程序就叫作**内核**。如果进程想要使用设备驱动程序等由内核提供的功能，就需要通过被称为**系统调用**的特殊处理来向内核发出请求。

需要指出的是，OS 并不单指内核，它是由内核与许多在用户模式下运行的程序构成的。关于 Linux 中的在用户模式下运行的功能，以及作为进程与内核的通信接口的系统调用，我们将在第 2 章具体说明。

第 3 章将对负责创建与终止进程的**进程管理系统**进行说明。

内核负责管理计算机系统上的 CPU 和内存等各种资源，然后把这些资源按需分配给在系统上运行的各个进程（图 1-8）。

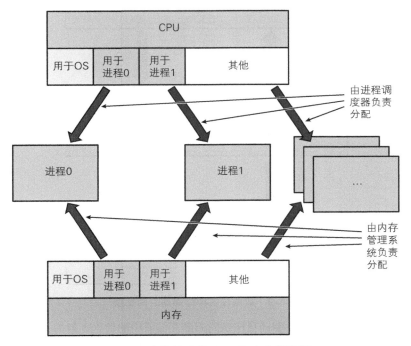

图 1-8　内核管理着 CPU 和内存等资源

图 1-8 中负责管理 CPU 资源的**进程调度器**的相关内容将在第 4 章详细说明，负责管理内存的**内存管理系统**的相关内容将在第 5 章详细说明。

在进程运行的过程中，各种数据会以内存为中心，在 CPU 上的寄存器或外部存储器等各种存储器之间进行交换（图 1-9）。这些存储器在容量、价格和访问速度等方面都有各自的优缺点，从而构成被称为**存储层次**的存储系统层次结构。从提高程序运行速度和稳定性方面来说，灵活有效地运用各种存储器是必不可少的一环。存储层次的相关内容将在第 6 章详细说明。

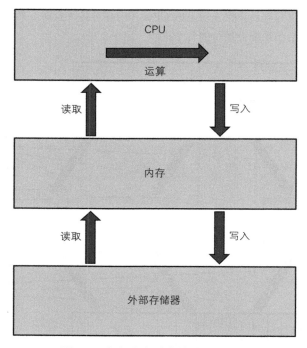

图 1-9 数据在各种存储器之间交换

虽然可以通过设备驱动程序访问外部存储器中的数据，但为了简化这一过程，通常会利用被称为**文件系统**的程序进行访问（图 1-10）。文件系统的相关内容将在第 7 章详细说明。

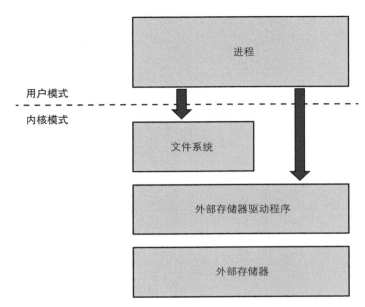

图 1-10 通常利用文件系统访问外部存储器

对于计算机系统来说，外部存储器是不可或缺的。在启动系统时，首先需要做的就是从**外部存储器**中读取 OS[①]。此外，为了防止在关闭电源时丢失系统运行期间在内存上创建的数据，必须在关闭电源前把这些数据写入外部存储器。第 8 章将详细介绍这些外部存储器的性能与特性，以及用于提高其性能的内核的功能。

[①] 准确地说，在读取 OS 之前，还存在以下操作：①通过 BIOS（Basic Input Output System，基本输入 / 输出系统）或 UEFI（Unified Extensible Firmware Interface，统一可扩展固件接口）这种固化在硬件上的软件来初始化硬件设备；②运行引导程序来选择需要启动的 OS。

第 **2** 章

用户模式实现的功能

如第 1 章所述，OS 并非仅由内核构成，还包含许多在用户模式下运行的程序。这些程序有的以库的形式存在，有的作为单独的进程运行。这里我们先看一下计算机系统中的各种进程与 OS 的关系（图 2-1）。

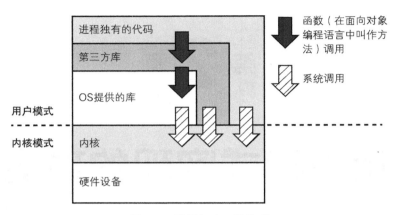

图 2-1　进程与 OS 的关系

一般来说，由在用户模式下运行的进程通过系统调用向内核发送相应的请求，其中存在进程独有的代码直接向内核发起请求的情况，也存在进程所依赖的库向内核发起请求的情况。另外，库分为 **OS 提供的库**与**第三方库**两种类型。

从整个系统来说，除了应用程序与中间件之外，OS 自身也提供了各种各样的程序。

本章后面将详细讲解系统调用、OS 提供的库和 OS 提供的程序的相关内容，以及 OS 提供这些库或程序的原因。

2.1　系统调用

如前所述，进程在执行创建进程、操控硬件等依赖于内核的处理时，必须通过系统调用向内核发起请求。系统调用的种类如下。

- **进程控制（创建和删除）**
- **内存管理（分配和释放）**

- 进程间通信
- 网络管理
- 文件系统操作
- 文件操作（访问设备）

关于这些系统调用，我们接下来会根据需要进行说明。

● CPU的模式切换

系统调用需要通过执行特殊的 CPU 命令来发起。通常进程运行在用户模式下，当通过系统调用向内核发送请求时，CPU 会发生名为**中断**的事件。这时，CPU 将从用户模式切换到内核模式，然后根据请求内容进行相应的处理。当内核处理完所有系统调用后，将重新回到用户模式，继续运行进程（图 2-2）。

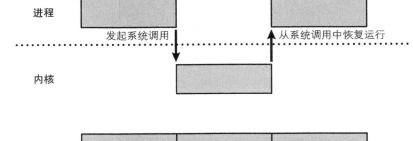

图 2-2　CPU 的模式切换

内核在开始进行处理时验证来自进程的请求是否合理（例如，请求的内存量是否大于系统所拥有的内存量等）。如果请求不合理，系统调用将执行失败。

需要注意的是，并不存在用户进程绕过系统调用而直接切换 CPU 运行模式的方法（假如有，内核就失去存在的意义了）。

● 发起系统调用时的情形

如果想了解进程究竟发起了哪些系统调用，可以通过 strace 命令对进程进行追踪。例如，通过 strace 命令运行一个输出消息的程序，也就是大家常说的 hello world 程序（代码清单 2-1）。

代码清单 2-1　hello world 程序（hello.c）

```
#include <stdio.h>

int main(void)
{
    puts("hello world");
    return 0;
}
```

首先，不使用 strace 命令，尝试编译并运行一遍。

```
$ cc -o hello hello.c
$ ./hello
hello world
$
```

能在命令行中输出 hello world 就可以。接下来，通过 strace 命令来看看这个程序会发起哪些系统调用。此外，为了防止 strace 命令输出的数据与程序本身的输出混杂在一起，在使用 strace 命令时，我们加上 -o 选项，令其输出保存到指定的文件内。

```
$ strace -o hello.log ./hello
hello world
$
```

程序和上一次运行时一样，输出消息后就结束运行了。接下来，打开 **hello.log** 文件，看看 strace 命令的运行结果 [①]。

---

① 运行结果中的路径等因实际运行环境而不同。

```
$ cat hello.log
execve("./hello", ["./hello"], [/* 28 vars */]) = 0
brk(NULL)                                = 0x917000
access("/etc/ld.so.nohwcap". F_OK)       = -1 ENOENT ↵
(No such file or directory)
mmap(NULL, 8192, PROT_READ|PROT_WRITE, MAP_PRIVATE| ↵
MAP_ANONYMOUS, -1, 0)                     = 0x7f3ff46c2000
access("/etc/ld.so.preload", R_OK)       = -1 ENOENT ↵
(No such file or directory)
...
brk(NULL)                                = 0x917000
brk(0x938000)                            = 0x938000
write(1, "hello world\n", 12)            = 12         ←①
exit_group(0)                            = ?
+++ exited with 0 +++
$
```

strace 的运行结果中的每一行对应一个系统调用。虽然输出的内容很多，但现在只需关注①指向的这一行。通过这一行的内容可以了解到，进程通过负责向画面或文件等输出数据的 write() 系统调用，在画面上输出了 hello world\n 这一字符串。

在笔者的计算机中，该进程总共发起了 31 个系统调用。这些系统调用大多是由在 main() 函数之前或之后执行的程序的开始处理和终止处理（OS 提供的功能的一部分）发起的，无须特别关注。

虽然测试用的 hello world 程序是用 C 语言编写的，但无论使用什么编程语言，都必须通过系统调用向内核发起请求。接下来让我们确认一下。代码清单 2-2 所示为用 Python 编写的 hello world 程序。

代码清单 2-2　用 Python 编写的 hello world 程序（hello.py）

```
print("hello world")
```

我们通过 strace 命令来运行 hello.py 程序。

```
$ strace -o hello.py.log python3 ./hello.py
hello world
$
```

然后查看追踪到的信息。

```
$ cat hello.py.log
execve("usr/bin/python3", ["python3", "./hello.py"], ↵
[/* 28 vars */])                                = 0
brk(NULL)                                       = 0x2120000
access("/etc/ld.so.nohwcap". F_OK)              = -1 ENOENT ↵
(No such file or directory)
mmap(NULL, 8192, PROT_READ|PROT_WRITE, MAP_PRIVATE|MAP_↵
ANONYMOUS, -1, 0)                               = 0x7f6a9a36d000
access("/etc/ld.so.preload", R_OK)              = -1 ENOENT ↵
(No such file or directory)
...
close(3)                                        = 0
write(1, "hello world\n", 12)                   = 12      ←②
rt_sigaction(SIGINT, {SIG_DFL, [], SA_RESTORER, ↵
0x7f6a99f3e390}, {0x63f1d0, [], SA_RESTORER, ↵
0x7f6a99f3e390}, 8)                             = 0
exit_group(0)                                   = ?
+++ exited with 0 +++
```

这次同样输出了大量内容，但现在只需关注②指向的这一行。可以发现，与 C 语言编写的 hello world 程序一样，本程序同样发起了 write() 这个系统调用。这种情况不仅存在于 hello world 这样简单的程序中，也存在于其他复杂的程序中。

需要指出的是，在 hello.py.log 中，除了 write()，其他都是由 Python 解析器的初始化处理和终止处理所发起的系统调用。最终共发起了 705 个系统调用[①]，这比起用 C 语言进行实验时要多得多，不过我们无须关注这部分内容。

请各位读者务必通过 strace 追踪一下各自的程序，看看都发起了哪些系统调用，这是一件很有趣的事情（请注意，如果对运行时间较长的软件使用该命令，将出现大量的输出结果）。

● **实验**

sar 命令用于获取进程分别在用户模式与内核模式下运行的时间比例。我们通过每秒[②]采集一次数据，来看看每个 CPU 核心到底在运行什么。

---

① 关于各个系统调用的作用，可以利用 man 命令，通过 man 2 write 这样的指令来查询。
② 可以在 sar 命令的第 3 个参数中输入 1 来指定周期。

```
$ sar -P ALL 1
（略）
16:29:52  CPU   %user  %nice  %system  %iowait  %steal  %idle
16:29:53  all   0.88   0.00   0.00     0.00     0.00    99.12
16:29:53    0   2.00   0.00   1.00     0.00     0.00    97.00
16:29:53    1   1.00   0.00   0.00     0.00     0.00    99.00
16:29:53    2   0.00   0.00   0.00     0.00     0.00   100.00
16:29:53    3   2.00   0.00   0.00     0.00     0.00    98.00
16:29:53    4   0.00   0.00   0.00     0.00     0.00   100.00
16:29:53    5   1.98   0.00   0.00     0.00     0.00    98.02
16:29:53    6   0.00   0.00   0.00     0.00     0.00   100.00
16:29:53    7   0.99   0.00   0.00     0.00     0.00    99.01

16:29:53  CPU   %user  %nice  %system  %iowait  %steal  %idle
16:29:54  all   0.75   0.00   0.25     0.12     0.00    98.88
16:29:54    0   2.97   0.00   0.00     0.00     0.00    97.03
16:29:54    1   0.99   0.00   0.99     0.00     0.00    98.02
16:29:54    2   0.00   0.00   0.00     0.00     0.00   100.00
16:29:54    3   0.00   0.00   0.00     0.00     0.00   100.00
16:29:54    4   0.00   0.00   0.00     1.00     0.00    99.00
16:29:54    5   1.00   0.00   0.00     0.00     0.00    99.00
16:29:54    6   0.00   0.00   0.00     0.00     0.00   100.00
16:29:54    7   1.00   0.00   0.00     0.00     0.00    99.00
（略）
```

　　如果在运行过程中按下 **Ctrl+C** 组合键，则 `sar` 命令会结束运行，并输出已采集的所有数据的平均值。

```
（略）
Average:  CPU   %user  %nice  %system  %iowait  %steal  %idle
Average:  all   0.71   0.00   0.08     0.04     0.00    99.17
Average:    0   1.66   0.00   0.33     0.00     0.00    98.01
Average:    1   1.00   0.00   0.33     0.00     0.00    98.67
Average:    2   0.33   0.00   0.00     0.00     0.00    99.67
Average:    3   0.67   0.00   0.00     0.00     0.00    99.33
Average:    4   0.00   0.00   0.00     0.33     0.00    99.67
Average:    5   1.00   0.00   0.00     0.00     0.00    99.00
Average:    6   0.00   0.00   0.00     0.00     0.00   100.00
Average:    7   0.99   0.00   0.00     0.00     0.00    99.01
$
```

　　在每一行中，从 `%user` 字段到 `%idle` 字段表示在 CPU 核心上运行的处理的类型。同一行内全部字段的值的总和是 100%。通过上面展示的数据可以看出，一行数据对应一个 CPU 核心。这里输出的是笔者的计算机上搭载的 8 个 CPU 核心的数据（`CPU` 字段中值为 `all` 的那一行数据是全部 CPU 核心的平均值）。

将 %user 字段与 %nice 字段的值相加得到的值是进程在用户模式下运行的时间比例（第 4 章将说明 %user 与 %nice 的区别），而 CPU 核心在内核模式下执行系统调用等处理所占的时间比例可以通过 %system 字段得到。在采集数据时，所有 CPU 核心的 %idle 字段的值都几乎接近100%。这里的 %idle 指的是 CPU 核心完全没有运行任何处理时的**空闲**（idle）状态（详见第 4 章）。关于剩余的字段，我们将在以后用到时再说明。

另外，也可以通过 sar 命令的第 4 个参数来指定采集信息的次数，如下所示[①]。

```
$ sar -P ALL 1 1
（略）
16:32:50   CPU    %user    %nice  %system  %iowait   %steal    %idle
16:32:51   all     0.13     0.00     0.00     0.00     0.00    99.87
16:32:51     0     0.00     0.00     0.00     0.00     0.00   100.00
16:32:51     1     0.00     0.00     0.00     0.00     0.00   100.00
16:32:51     2     0.00     0.00     0.00     0.00     0.00   100.00
16:32:51     3     0.00     0.00     0.00     0.00     0.00   100.00
16:32:51     4     0.99     0.00     0.00     0.00     0.00    99.01
16:32:51     5     1.00     0.00     0.00     0.00     0.00    99.00
16:32:51     6     0.00     0.00     0.00     0.00     0.00   100.00
16:32:51     7     0.00     0.00     0.00     0.00     0.00   100.00

Average:   CPU    %user    %nice  %system  %iowait   %steal    %idle
Average:   all     0.13     0.00     0.00     0.00     0.00    99.87
Average:     0     0.00     0.00     0.00     0.00     0.00   100.00
Average:     1     0.00     0.00     0.00     0.00     0.00   100.00
Average:     2     0.00     0.00     0.00     0.00     0.00   100.00
Average:     3     0.00     0.00     0.00     0.00     0.00   100.00
Average:     4     0.99     0.00     0.00     0.00     0.00    99.01
Average:     5     1.00     0.00     0.00     0.00     0.00    99.00
Average:     6     0.00     0.00     0.00     0.00     0.00   100.00
Average:     7     0.00     0.00     0.00     0.00     0.00   100.00
$
```

下面，我们来尝试运行一个不发起任何系统调用，只是单纯地执行循环的程序，并通过 sar 命令查看它在各模式下的运行时间（代码清单 2-3）。

---

① 在本例中是每秒采集 1 次。

代码清单2-3　loop程序（loop.c）

```
int main(void)
{
    for(;;)
        ;
}
```

编译并运行这段代码，将出现以下结果。

```
$ cc -o loop loop.c
$ ./loop &
[1] 13093
$ sar -P ALL 1 1
（略）
16:45:45 CPU    %user  %nice  %system  %iowait  %steal    %idle
16:45:46 all    12.86   0.00     0.12     0.00    0.00    87.02
16:45:46   0   100.00   0.00     0.00     0.00    0.00     0.00   ←①
16:45:46   1     0.00   0.00     0.00     0.00    0.00   100.00
16:45:46   2     0.00   0.00     0.00     0.00    0.00   100.00
16:45:46   3     1.00   0.00     0.00     0.00    0.00    99.00
16:45:46   4     0.99   0.00     0.00     0.00    0.00    99.01
16:45:46   5     1.01   0.00     0.00     0.00    0.00    98.99
16:45:46   6     0.00   0.00     0.00     0.00    0.00   100.00
16:45:46   7     0.00   0.00     0.00     0.00    0.00   100.00
（略）
```

参照①指向的那一行数据，可以看出在采集信息的这 1 秒内，用户进程（即 loop 程序）始终运行在 CPU 核心 0 上（图 2-3）。

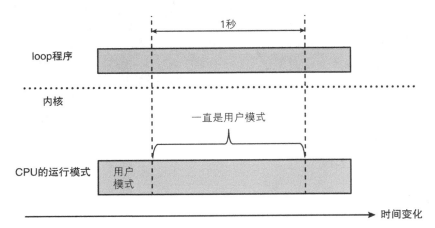

图 2-3　loop 程序的运行

在测试完成后，记得结束正在运行的 loop 程序 ①。

```
$ kill 13093
$
```

接着，让我们对循环执行 getppid() 这个用于获取父进程的进程 ID 的系统调用的程序进行相同的操作（代码清单 2-4）。

代码清单 2-4　ppidloop 程序（ppidloop.c）

```
#include <sys/types.h>
#include <unistd.h>

int main(void)
{
    for(;;)
        getppid();
}
```

编译并运行这段代码，将出现以下结果。

```
$ cc -o ppidloop ppidloop.c
$ ./ppidloop &
[1] 13389
$ sar -P ALL 1 1
（略）
16:49:11   CPU   %user   %nice  %system  %iowait  %steal    %idle
16:49:12   all    3.51    0.00     9.02     0.00    0.00    87.47
16:49:12     0    0.00    0.00     0.00     0.00    0.00   100.00
16:49:12     1   28.00    0.00    72.00     0.00    0.00     0.00   ←②
16:49:12     2    0.00    0.00     0.00     0.00    0.00   100.00
16:49:12     3    0.00    0.00     0.00     0.00    0.00   100.00
16:49:12     4    0.99    0.00     0.99     0.00    0.00    98.02
16:49:12     5    0.00    0.00     0.00     0.00    0.00   100.00
16:49:12     6    0.00    0.00     0.00     0.00    0.00   100.00
16:49:12     7    0.00    0.00     0.00     0.00    0.00   100.00
（略）
$
```

参照②指向的这一行数据，可以看出在采集信息的这 1 秒内，发生了以下情况（图 2-4）。

---

① 把想结束的程序的进程 ID 指定为 kill 命令的参数即可。在输入运行命令时附加一个 &，即可获取 loop 程序的进程 ID。

- 在 CPU 核心 1 上，运行 `ppidloop` 程序占用了 28% 的运行时间
- 根据 `ppidloop` 程序发出的请求来获取父进程的进程 ID 这一内核处理占用了 72% 的运行时间

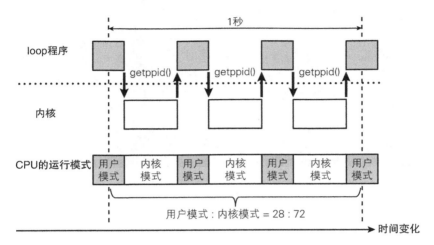

图 2-4 ppidloop 程序的运行

为什么 `%system` 的值不是 100% 呢？这是因为，用于循环执行 `main()` 函数内的 `getppid()` 的循环处理，是属于进程自身的处理。

在测试完成后，也不要忘记结束正在运行的程序。

```
$ kill 13389
$
```

虽然不能一概而论，但当 `%system` 的值高达几十时，大多是陷入了系统调用发起过多，或者系统负载过高等糟糕的状态。

● 执行系统调用所需的时间

在 `strace` 命令后加上 `-T` 选项，就能以微秒级的精度来采集各种系统调用所消耗的实际时间。在发现 `%system` 的值过高时，可以通过这个功能来确认到底是哪个系统调用占用了过多的系统资源。下面是对 `hello world` 程序使用 `strace -T` 后的输出结果。

```
$ strace -T -o hello.log ./hello
hello world
$ cat hello.log
execve("./hello", ["./hello"], [/* 28 vars */]) ↵
                                    = 0 <0.000225>
brk(NULL)                           = 0x6c6000 <0.000012>
access("/etc/ld.so.nohwcap", F_OK)  = -1 ENOENT ↵
(No such file or directory) <0.000016>
mmap(NULL, 8192, PROT_READ|PROT_WRITE, MAP_PRIVATE| ↵
MAP_ANONYMOUS, -1, 0) = 0x7ff02b49a000 <0.000013>
access("/etc/ld.so.preload", R_OK)  = -1 ENOENT ↵
(No such file or directory) <0.000014>
（略）
brk(0x6e7000)                       = 0x6e7000 <0.000008>
write(1, "hello world\n", 12)       = 12 <0.000014>
exit_group(0)                       = ?
+++ exited with 0 +++
$
```

通过这些信息可以看出，输出 hello world\n 这一字符串总共花费
了 14 微秒。

此外，strace 命令还存在其他选项，例如，使用 -tt 选项能以微秒
为单位来显示处理发生的时刻。在使用 strace 命令时，可以根据实际需
求来选择不同的选项。

2.2 系统调用的包装函数

Linux 提供了所有或者说绝大多数进程所依赖的库函数，以为编写程
序提供方便。

需要注意的是，与常规的函数调用不同，系统调用并不能被 C 语言之
类的高级编程语言代码直接发起，只能通过与系统架构紧密相连的汇编语
言代码来发起。例如，在 x86_64 架构中，是如下发起 getppid() 这个系
统调用的 [1]。

---

[1] 第 1 行的意思是，将 getppid 的系统调用编号 0x6e 传递给 eax 寄存器。这里的
系统调用编号是由 Linux 预先定义好的。在第 2 行中，通过 syscall 命令发起系统
调用，并切换到内核模式。然后，开始执行负责处理 getppid 的内核代码。

```
mov    $0x6e.%eax
syscall
```

平时没机会接触汇编语言的读者无须了解这些源代码的意义，抱着"这显然与平常见到的源代码完全不一样"这样的想法继续往下看就可以了。

如果没有 OS 的帮助，程序员就不得不根据系统架构为每一个系统调用编写相应的汇编语言代码，然后再从高级编程语言中调用这些代码（图 2-5）。

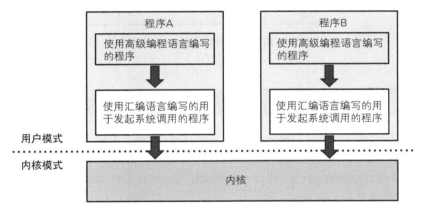

图 2-5　如果没有 OS 的帮助

这样一来，不但编写程序的时间增加了，程序也将无法移植到别的架构上。

为了解决这样的问题，OS 提供了一系列被称为**系统调用的包装函数**的函数，用于在系统内部发起系统调用。各种架构上都存在着对应的包装函数。因此，使用高级编程语言编写的用户程序，只需调用由高级编程语言提供的包装函数即可（图 2-6）。

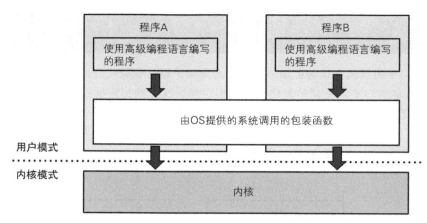

图 2-6 用户程序只需调用包装函数即可

2.3 C 标准库

C 语言拥有 ISO（International Standard Organization，国际标准化组织）定义的标准库，Linux 也提供了这些 C 语言标准库。不过，通常会以 GNU 项目提供的 glibc 作为 C 标准库使用。用 C 语言编写的几乎所有程序都依赖于 glibc 库。

glibc 不仅包括系统调用的包装函数，还提供了 POSIX 标准[①] 中定义的函数。

Linux 提供了 ldd 命令，用于查看程序所依赖的库。

我们来尝试对 echo 命令使用 ldd 命令。

```
$ ldd /bin/echo
    linux-vdso.so.1 => (0x00007fffed1a2000)
    libc.so.6 => /lib/x86_64-linux-gnu/libc.so.6          ↵
(0x00007fddf1101000)
    /lib64/ld-linux-x86-64.so.2 (0x000055605066a000)
$
```

在上面的结果中，libc 指的就是 C 标准库。

---

① 这个标准定义了基于 UNIX 的 OS 应该具备的各种功能。

下面来看一下 ppidloop 命令依赖于哪些库。

```
$ ldd ppidloop
    linux-vdso.so.1 => (0x00007fff43dd7000)
    libc.so.6 => /lib/x86_64-linux-gnu/libc.so.6 ↵
(0x00007f5e3884b000)
    /lib64/ld-linux-x86-64.so.2 (0x000055c4b2926000)
$
```

可以看出，ppidloop 命令同样也依赖于 libc。

接下来，确认一下 Python 3 提供的 python3 命令依赖于哪些库。

```
$ ldd /usr/bin/python3
    linux-vdso.so.1 => (0x00007ffe629d0000)
    libpthread.so.0 => /lib/x86_64-linux-gnu/libpthread.so.0 ↵
(0x00007fab961a9000)
    libc.so.6 => /lib/x86_64-linux-gnu/libc.so.6 ↵
(0x00007fab95ddf000)
    libdl.so.2 => /lib/x86_64-linux-gnu/libdl.so.2 ↵
(0x00007fab95bda000)
    libutil.so.1 => /lib/x86_64-linux-gnu/libutil.so.1 ↵
(0x00007fab959d7000)
    libexpat.so.1 => /lib/x86_64-linux-gnu/libexpat.so.1 ↵
(0x00007fab957ae000)
    libz.so.1 => /lib/x86_64-linux-gnu/libz.so.1 ↵
(0x00007fab95593000)
    libm.so.6 => /lib/x86_64-linux-gnu/libm.so.6 ↵
(0x00007fab9528a000)
    /lib64/ld-linux-x86-64.so.2 (0x0000565208bd3000)
$
```

python3 命令同样也依赖于 libc。用 Python 3 编写的脚本虽然可以通过 python3 命令直接运行，但是通过上面展示的结果可以看出，python3 命令本身的实现也依赖于 C 标准库。可以说，在 OS 层面上，C 语言依然在默默地发挥着很大的作用，是一种不可或缺的编程语言。

对系统上的其他程序使用 ldd 命令，会发现它们大部分也依赖于 libc。请大家在各自的计算机上尝试一下。

除了 C 标准库之外，Linux 还提供了 C++ 等各种编程语言的标准库，以及大部分程序有可能用得上的各种库。

2.4　OS 提供的程序

OS 提供的程序与 OS 提供的库一样，对绝大多数程序来说是不可或缺的。OS 同时还提供了作为自身一部分的、用于更改 OS 运行方式的程序。下面列举了一些 OS 提供的程序。

- 初始化系统：`init`
- 变更系统的运行方式：`sysctl`、`nice`、`sync`
- 文件操作：`touch`、`mkdir`
- 文本数据处理：`grep`、`sort`、`uniq`
- 性能测试：`sar`、`iostat`
- 编译：`gcc`
- 脚本语言运行环境：`perl`、`python`、`ruby`
- shell：`bash`
- 视窗系统：`X`

大家应该都直接或间接地使用过这些程序。本书后面将对其中一部分程序进行介绍。

第 3 章

进程管理

本章将介绍内核提供的创建与删除进程的功能。但是，不了解第 5 章中关于虚拟内存的内容，就无法理解 Linux 创建与删除进程的机制。因此，本章将抛开虚拟内存，单纯地讲述进程的创建与删除，第 5 章再详细介绍完整的运行机制。

3.1 创建进程

在 Linux 中，创建进程有如下两个目的。

- 将同一个程序分成多个进程进行处理（例如，使用 Web 服务器接收多个请求）
- 创建另一个程序（例如，从 bash 启动一个新的程序）

为了达成这两个目的，Linux 提供了 fork() 函数与 execve() 函数（其底层分别请求名为 clone() 与 execve() 的系统调用）。接下来，我们将介绍如何使用这两个函数。

3.2 fork()函数

要想将同一个程序分成多个进程进行处理，只需使用 fork() 函数。在调用 fork() 函数后，就会基于发起调用的进程，创建一个新的进程。发出请求的进程称为**父进程**，新创建的进程称为**子进程**。

创建新进程的流程如下所示（图 3-1）。

① 为子进程申请内存空间，并复制父进程的内存到子进程的内存空间。
② 父进程与子进程分裂成两个进程，以执行不同的代码。这是因为 **fork( )** 函数分别返回了不同的值给父进程与子进程。

为了对 fork() 函数一探究竟，我们来编写一个实现下述要求的程序。

① 创建一个新进程。

② 父进程输出自身与子进程的进程 ID，而子进程只输出自身的进程 ID。

实现上述要求的 fork 程序如代码清单 3-1 所示。

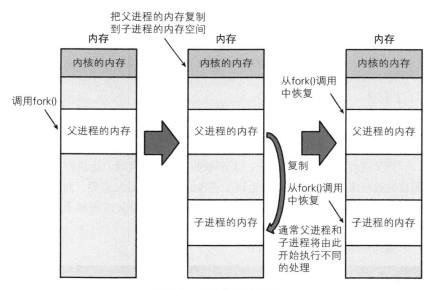

图 3-1　创建进程的流程

代码清单 3-1　fork 程序（fork.c）

```c
#include <unistd.h>
#include <stdio.h>
#include <stdlib.h>
#include <err.h>

static void child()
{
    printf("I'm child! my pid is %d.\n", getpid());
    exit(EXIT_SUCCESS);
}

static void parent(pid_t pid_c)
{
    printf("I'm parent! my pid is %d and the pid of my child
        is %d.\n", getpid(), pid_c);
```

```
    exit(EXIT_SUCCESS);
}

int main(void)
{
    pid_t ret;
    ret = fork();
    if(ret == -1)
        err(EXIT_FAILURE, "fork() failed");
    if(ret == 0) {
        //fork() 会返回 0 给子进程，因此这里调用 child()
        child();
    } else {
        //fork() 会返回新创建的子进程的进程 ID（大于 1）给父进程，因此这
里调用 parent()
        parent(ret);
    }
    // 在正常运行时，不可能运行到这里
    err(EXIT_FAILURE, "shouldn't reach here");
}
```

当父进程和子进程从 fork() 函数的调用中恢复时，会获得 fork()
函数的返回值。fork() 函数返回子进程的进程 ID 给父进程，而返回 0 子
进程。代码清单 3-1 的实验程序正是利用这一点，令父进程和子进程执行
了不同的处理。

编译并运行代码，结果如下。

```
$ cc -o fork fork.c
$ ./fork
I'm parent! my pid is 4193 and the pid of my child is 4194.
I'm child! my pid is 4194.
$
```

进程 ID 为 4193[①] 的进程分裂，创建了一个进程 ID 为 4194 的新进程。
同时也能看到，在调用 fork() 函数后，两个进程执行的处理也不同了。

刚开始我们可能难以理解 fork() 函数到底做了什么处理，但在理解
其原理后，就会发现其实它做的事情非常简单。

---

① 在不同的计算机上会出现不同的进程 ID。

3.3 execve( )函数

在打算启动另一个程序时，需要调用 execve( ) 函数。首先，我们来看一下内核在运行进程时的流程。

① **读取可执行文件，并读取创建进程的内存映像所需的信息。**
② **用新进程的数据覆盖当前进程的内存。**
③ **从最初的命令开始运行新的进程。**

也就是说，在启动另一个程序时，并非新增一个进程，而是替换了当前进程（图 3-2）。

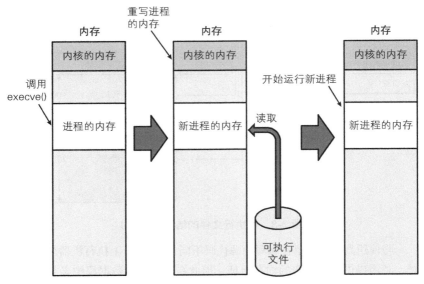

图 3-2　启动另一个程序的流程

下面来详细说明这一流程。

首先，读取可执行文件，以及创建进程的内存映像所需的信息。可执行文件中不仅包含进程在运行过程中使用的代码与数据，还包含开始运行程序时所需的数据。

- 包含代码的代码段在文件中的偏移量、大小，以及内存映像的起始地址
- 包含代码以外的变量等数据的数据段在文件中的偏移量、大小，以及内存映像的起始地址
- 程序执行的第一条指令的内存地址（入口点）

假设将要运行的程序的可执行文件的结构如图 3-3 所示。

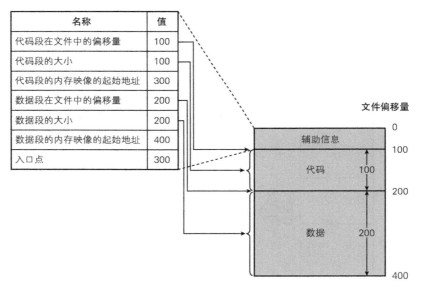

名称	值
代码段在文件中的偏移量	100
代码段的大小	100
代码段的内存映像的起始地址	300
数据段在文件中的偏移量	200
数据段的大小	200
数据段的内存映像的起始地址	400
入口点	300

图 3-3　可执行文件的结构（例子）

与使用高级编程语言编写的源代码不同，在 CPU 上执行机器语言指令时，必须提供需要操作的内存地址，因此在代码段和数据段中必须包含内存映像的起始地址。比如，使用一种虚构的高级编程语言编写了如下一段源代码。

```
c = a + b
```

在机器语言层面，这段源代码将转变成下面这样的直接对内存地址进行操作的指令。

```
load m100 r0        ← 将内存地址100( 变量a )的值读取到名为r0的寄存器中
load m200 r1        ← 将内存地址200( 变量b )的值读取到名为r1的寄存器中
add r0 r1 r2        ← 将r0与r1相加，并将结果储存到名为r2的寄存器中
store r2 m300       ← 将r2的值储存到内存地址300( 变量c )
```

接下来，基于读取的信息，将程序映射到内存上，如图 3-4 所示。

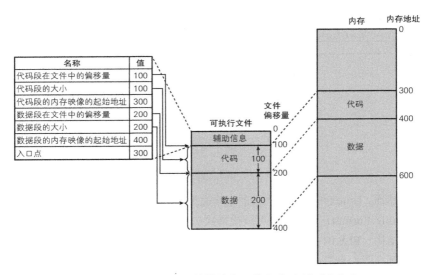

图 3-4　基于可执行文件的信息，将程序映射到内存上

最后，从入口点开始运行程序（图 3-5 ）。

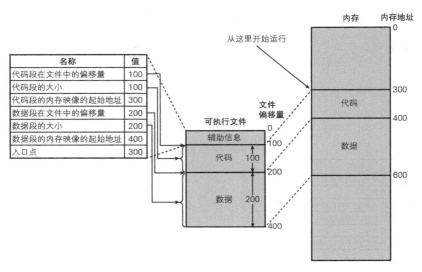

图 3-5 从入口点开始运行程序

然而，Linux 的可执行文件的结构遵循的是名为 ELF（Executable and Linkable Format，可执行与可链接格式）的格式，并非之前描述的那样简单的结构。ELF 的相关信息可以通过 readelf 命令来获取。

现在我们来尝试获取 /bin/sleep 的 ELF 信息。

通过附加 -h 选项，可以获取起始地址。

Entry point address 这一行中的 0x401760 就是这个程序的入口点。

通过附加 -S 选项，可以获取代码段与数据段在文件中的偏移量、大小和起始地址。

```
$ readelf -S /bin/sleep
Section Headers:
  [Nr] Name            Type            Address                   Offset
       Size                            EntSize       Flags Link Info  Align
（略）
  [14] .text           PROGBITS        00000000004014e0          000014e0
       0000000000003319 0000000000000000 AX        0     0    16
（略）
  [25] .data           PROGBITS        00000000006071c0          000071c0
       0000000000000074 0000000000000000 WA        0     0    32
（略）
$
```

运行后得到了大量输出信息，不过现在只需要理解以下内容即可。

- 输出的数据每两行为一组
- 全部数值皆为十六进制数
- 在每组的第 1 行的第 2 个字段中，`.text` 对应的是代码段的信息，`.data` 对应的是数据段的信息
- 在这些信息中，对于每组输出，只需要关注以下内容即可
  - 每组的第 1 行的第 4 个字段：内存映像的起始地址
  - 每组的第 1 行的第 5 个字段：在文件中的偏移量
  - 每组的第 2 行的第 1 个字段：大小

可以看出，`/bin/sleep` 的信息如下所示。

名称	值
代码段在文件中的偏移量	0x14e0
代码段的大小	0x3319
代码段的内存映像的起始地址	0x4014e0
数据段的大小	0x74
数据段的内存映像的起始地址	0x6071c0
入口点	0x401760

在程序运行时创建的进程的内存映像信息，可以从 `/proc/`pid`/maps` 这一文件中找到。`sleep` 命令的相关信息如下所示。

```
$ /bin/sleep 10000 &
[1] 3967
$ cat /proc/3967/maps
00400000-00407000 r-xp 00000000 08:01 23994      /bin/sleep ←①
（略）
00607000-00608000 rw-p 00007000 08:01 23994      /bin/sleep ←②
（略）
$
```

①所指的是代码段，②所指的是数据段。可以看到，它们都在上表所示的内存映像的范围内。

在查看完后，记得结束正在运行的程序。

```
$ kill 3967
$
```

在打算新建一个别的进程时，通常采用被称为 **fork and exec** 的方式，即由父进程调用 `fork()` 创建子进程，再由子进程调用 `exec()`。图 3-6 所示为由 bash 进程创建 echo 进程的流程。

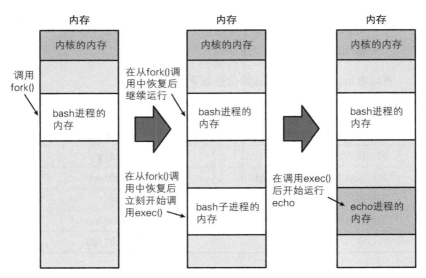

图 3-6　由 bash 进程创建 echo 进程的流程

然后，我们编写一个实现下述要求的程序，来了解一下 fork and exec 方式。

① 创建一个新的进程。

② 在创建 echo hello 程序后，父进程输出自身与子进程的进程 ID，并结束运行，子进程输出自身的进程 ID，然后结束运行。

代码清单 3-2 所示为实现了上述要求的源代码。

代码清单3-2　fork-and-exec程序（fork-and-exec.c）

```c
#include <unistd.h>
#include <stdio.h>
#include <stdlib.h>
#include <err.h>

static void child()
{
    char *args[] = {"/bin/echo", "hello", NULL};
    printf("I'm child! my pid is %d.\n", getpid());
    fflush(stdout);
    execve("/bin/echo", args, NULL);
    err(EXIT_FAILURE, "exec() failed");
}
static void parent(pid_t pid_c)
{
    printf("I'm parent! my pid is %d and the pid of my child
        is %d.\n", getpid(), pid_c);
    exit(EXIT_SUCCESS);
}

int main(void)
{
    pid_t ret;
    ret = fork();
    if (ret == -1)
        err(EXIT_FAILURE, "fork() failed");
    if (ret == 0) {
        //fork() 会返回 0 给子进程，因此这里调用 child()
        child();
    } else {
        //fork() 会返回新创建的子进程的进程 ID（大于 1）给父进程，因此这
里调用 parent()
        parent(ret);
    }
    // 在正常运行时，不可能运行到这里
    err(EXIT_FAILURE, "shoudln't reach here");
}
```

编译并运行这段代码，结果如下。

```
$ cc -o fork-and-exec fork-and-exec.c
$ ./fork-and-exec
I'm parent! my pid is 4203 and the pid of my child is 4204.
I'm child! my pid is 4204.
$ hello
```

从上面的运行结果可以看出，这段代码能正常运行。

在 C 语言之外的其他编程语言中，例如在 **Python** 中，可以通过 `os.exec()` 函数来请求 `execve()` 系统调用。

3.4 结束进程

可以使用 `_exit()` 函数（底层发起 `exit_group()` 系统调用）来结束进程。在进程运行结束后，如图 3-7 所示，所有分配给进程的内存将被回收。

不过，通常我们很少会直接调用 `_exit()` 函数，而是通过调用 C 标准库中的 `exit()` 函数来结束进程的运行。在这种情况下，C 标准库会在调用完自身的终止处理后调用 `_exit()` 函数。在从 `main()` 函数中恢复时也是同样的方式。

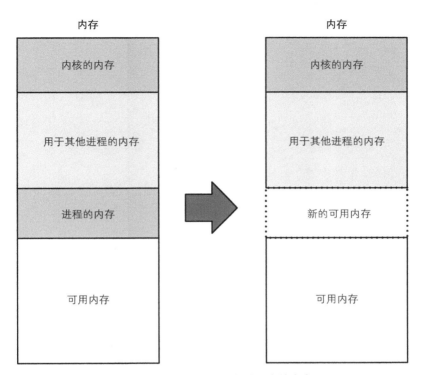

图 3-7 在进程运行结束时回收其内存

第 **4** 章

进程调度器

Linux 内核具有进程调度器（以下简称"调度器"）的功能，它使得多个进程能够同时运行（准确来说，是看起来在同时运行）。大家在使用 Linux 系统时通常是意识不到调度器的存在的。为了加深对调度器的理解，本章将深入探究调度器的运作方式。

在计算机相关的图书中，一般是这样介绍调度器的。

- 一个 CPU 同时只运行一个进程
- 在同时运行多个进程时，每个进程都会获得适当的时长[1]，轮流在 CPU 上执行处理

例如，当存在 p0、p1 和 p2 这 3 个进程时，调度器的运作方式如图 4-1 所示。

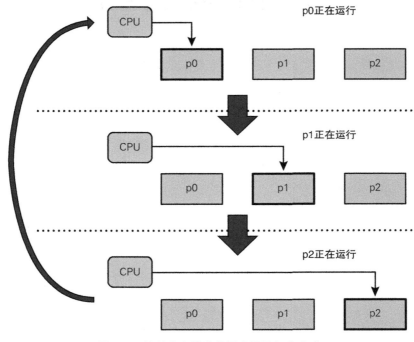

图 4-1　教科书中描述的调度器的运作方式

---

[1]　称为时间片（time slice）。

本章将利用实验程序来验证调度器是否真的如上面描述的那样运作。

需要指出的是，Linux 会将多核 CPU（现在几乎都是这样的 CPU）上的每一个核心都识别为一个 CPU。在本书中，我们将系统识别出来的 CPU（这里是指 CPU 核心）称为**逻辑 CPU**。另外，在开启了超线程功能时，每一个线程都会被识别为一个逻辑 CPU。我们将在第 6 章讲解超线程的相关内容。

4.1　关于实验程序的设计

在同时运行一个或多个一味消耗 CPU 时间执行处理的进程时，采集以下统计信息。

- **在某一时间点运行在逻辑 CPU 上的进程是哪一个**
- **每个进程的运行进度**

通过分析这些信息，来确认本章开头对调度器的描述是否正确。实验程序的设计如下。

- **命令行参数**
  - **第 1 个参数（n）：同时运行的进程数量**
  - **第 2 个参数（total）：程序运行的总时长（单位：毫秒）**
  - **第 3 个参数（resol）：采集统计信息的间隔（单位：毫秒）**
- **令 *n* 个进程同时运行，然后在全部进程都结束后结束程序的运行。各个进程按照以下要求运行**
  - **在消耗 total 毫秒的 CPU 时间后结束运行**
  - **每 resol 毫秒记录一次以下 3 个数值：①每个进程的唯一 ID（0 ~ *n* – 1 的各个进程独有的编号）；②从程序开始运行到记录的时间点为止经过的时间（单位：毫秒）；③进程的进度（单位：%）**
  - **在结束运行后，把所有统计信息用制表符分隔并逐行输出**

图 4-2 所示为实验程序的动作。

当参数n=1、total=10、resol=2时

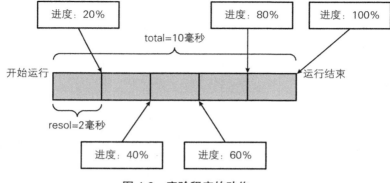

图 4-2　实验程序的动作

4.2　实验程序的实现

代码清单 4-1 所示为实验程序的源代码。

代码清单 4-1　sched 程序（sched.c）

```c
#include <sys/types.h>
#include <sys/wait.h>
#include <time.h>
#include <unistd.h>
#include <stdio.h>
#include <stdlib.h>
#include <string.h>
#include <err.h>

#define NLOOP_FOR_ESTIMATION 1000000000UL
#define NSECS_PER_MSEC 1000000UL
#define NSECS_PER_SEC 1000000000UL

static inline long diff_nsec(struct timespec before, struct
                             timespec after)
{
    return ((after.tv_sec * NSECS_PER_SEC + after.tv_nsec)
            - (before.tv_sec * NSECS_PER_SEC + before.tv_
            nsec));
}

static unsigned long loops_per_msec()
```

```
{
    struct timespec before, after;
    clock_gettime(CLOCK_MONOTONIC, &before);

    unsigned long i;
    for (i = 0; i < NLOOP_FOR_ESTIMATION; i++)
        ;

    clock_gettime(CLOCK_MONOTONIC, &after);

    int ret;
    return NLOOP_FOR_ESTIMATION * NSECS_PER_MSEC / diff_nsec
(before, after);
}

static inline void load(unsigned long nloop)
{
    unsigned long i;
    for (i = 0; i < nloop; i++)
        ;

}

static void child_fn(int id, struct timespec *buf, int
                    nrecord, unsigned long nloop_per_resol,
                    struct timespec start)
{
    int i;
    for (i = 0; i < nrecord; i++){
        struct timespec ts;

        load(nloop_per_resol);
        clock_gettime(CLOCK_MONOTONIC, &ts);
        buf[i] = ts;
    }
    for (i = 0; i < nrecord; i++){
        printf("%d\t%ld\t%d\n", id, diff_nsec(start, buf[i]) /
                NSECS_PER_MSEC, (i+1) * 100 / nrecord);
    }
    exit(EXIT_SUCCESS);
}

static void parent_fn(int nproc)
{
    int i;
    for (i = 0; i < nproc; i++)
        wait(NULL);
}

static pid_t *pids;

int main(int argc, char *argv[])
{
```

```
int ret = EXIT_FAILURE;

if (argc < 4){
    fprintf(stderr, "usage: %s <nproc> <total[ms]>
            <resolution[ms]>\n", argv[0]);
    exit(EXIT_FAILURE);
}

int nproc = atoi(argv[1]);
int total = atoi(argv[2]);
int resol = atoi(argv[3]);

if (nproc < 1){
    fprintf(stderr, "<nproc>(%d) should be >= 1\n", nproc);
    exit(EXIT_FAILURE);
}

if (total < 1){
    fprintf(stderr, "<total>(%d) should be >= 1\n", total);
    exit(EXIT_FAILURE);
}

if (resol < 1){
    fprintf(stderr, "<resol>(%d) should be >= 1\n", resol);
    exit(EXIT_FAILURE);
}

if (total % resol){
    fprintf(stderr, "<total>(%d) should be multiple of
            <resolution>(%d)\n", total, resol);
    exit(EXIT_FAILURE);
}
int nrecord = total / resol;

struct timespec *logbuf = malloc(nrecord * sizeof(struct
                                 timespec));
if (!logbuf)
    err(EXIT_FAILURE, "malloc(logbuf) failed");

puts("estimating workload which takes just one milisecond");
unsigned long nloop_per_resol = loops_per_msec() * resol;
puts("end estimation");
fflush(stdout)
pids = malloc(nproc * sizeof(pid_t));
if (pids == NULL){
    warn("malloc(pids) failed");
    goto free_logbuf;
}

struct timespec start;
clock_gettime(CLOCK_MONOTONIC, &start);

int i, ncreated;
```

```
    for (i = 0, ncreated = 0; i < nproc; i++, ncreated++){
        pids[i] = fork();
        if (pids[i] < 0){
            goto wait_children;
        } else if (pids[i] == 0){
            // 子进程

            child_fn(i, logbuf, nrecord, nloop_per_resol, start);
            /* 不应该运行到这里 */
        }
    }
    ret = EXIT_SUCCESS;

    // 父进程

wait_children:
    if (ret == EXIT_FAILURE)
        for (i = 0; i < ncreated; i++)
            if (kill(pids[i], SIGINT) < 0)
                warn("kill(%d) failed", pids[i]);

    for (i = 0; i < ncreated; i++)
        if (wait(NULL) < 0)
            warn("wait() failed.");

free_pids:
    free(pids);

free_logbuf:
    free(logbuf);

    exit(ret);
}
```

虽然代码量略大，但其内容本身并没有什么难点。这里的重点是 `loops_per_msec()` 函数，它用于推测消耗 1 毫秒 CPU 时间的处理所需的计算量。该函数会先运行一个不执行任何处理的循环，并重复适当次数（`NLOOP_FOR_ESTIMATION`），然后通过计算单次循环所消耗的时间，来推算消耗 1 毫秒总共需要循环多少次。大家在自己的计算机上运行本程序时，如果推算过程占用太长时间，可以适当减小 `NLOOP_FOR_ESTIMATION` 的值。

因为实验程序的实现并非我们的主要目标，所以无法理解全部细节也没有关系。

编译这个 sched 程序，结果如下。

```
$ cc -c sched sched.c
$
```

4.3 实验

事不宜迟，下面我们利用 sched 程序来探究调度器的运作方式。本节将进行如下 3 个实验。

- 实验 4-A：运行 1 个进程时的情况
- 实验 4-B：运行 2 个进程时的情况
- 实验 4-C：运行 4 个进程时的情况

利用负载均衡（后述）功能，进程能够根据系统的负载跨逻辑 CPU 运行。不过在本次的实验中，为了提高实验的精确度，我们令实验程序只能运行在单个逻辑 CPU 上，这可以通过 OS 提供的 taskset 命令来实现。如下添加 -c 选项，令参数中指定的程序仅运行在指定的逻辑 CPU 上。

```
$ taskset -c 0 ./sched <n> <total> <resol>
```

在执行上述命令后，sched 程序就只能运行在 0 号逻辑 CPU 上了。

需要注意的是，应当尽量在系统没有执行其他处理时进行实验，否则有可能导致程序无法正确运行。这一点是性能测试的原则，也适用于本书之后的所有实验程序。

各个实验中 sched 程序的参数如下所示。

实验名称	n	total	resol
实验 4-A	1	100	1
实验 4-B	2	100	1
实验 4-C	4	100	1

● 实验 4-A（进程数量 =1）

程序运行结果如下所示。

```
$ taskset -c 0 ./sched 1 100 1
estimating workload which takes just one milisecond
end estimation
0        1        1
0        2        2
0        3        3
0        4        4
0        4        5
（略）
0        96       96
0        97       97
0        98       98
0        99       99
0        100      100
$
```

大家在自己的计算机上采集的数据或许会与上面展示的数据存在些许区别，但无须在意。这里的重点并非其中数值的绝对值，而是根据数据制作的图表的形状。

下面我们把实验结果制作成如下两个图表。

【图表①】在逻辑 CPU 上运行的进程

x 轴：开始运行后经过的时间（单位：毫秒）

y 轴：进程编号

【图表②】各个进程的进度

x 轴：开始运行后经过的时间（单位：毫秒）

y 轴：进度（单位：%。0 表示什么都还没开始处理，100 表示全部处理完成）

为方便制作图表，建议事先把运行结果保存为文件。通过如下所示的命令，即可把实验 4-A 的结果保存到 1core-1process.txt 文件中。

```
$ taskset -c 0 ./sched 1 100 1 >1core-1process.txt
$
```

图 4-3 和图 4-4 是使用实验 4-A 的数据制作的两个图表。

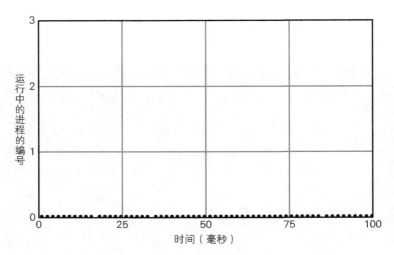

图 4-3 在逻辑 CPU 上运行的进程（实验 4-A，图表①）

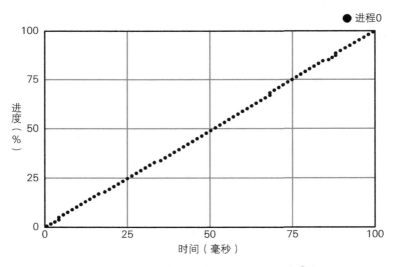

图 4-4 进程 0 的进度（实验 4-A，图表②）

图表①（图 4-3）显示，只有一个进程（进程 0）在持续运行。

由图表②（图 4-4）可以看出，由于只有进程 0 在运行，所以其进度简单地随着时间推移而等比例地增加。

● **实验 4-B（进程数量 =2）**

然后，根据实验 4-B 的结果制作图表，如图 4-5 和图 4-6 所示。

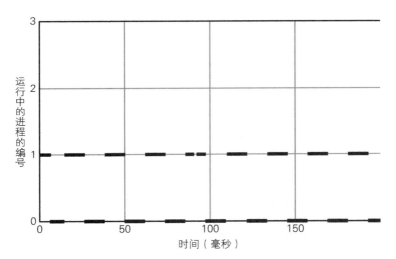

图 4-5 在逻辑 CPU 上运行的进程（实验 4-B，图表①）

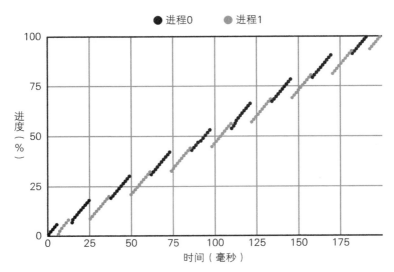

图 4-6 进程 0 与进程 1 的进度（实验 4-B，图表②）

通过图表①（图 4-5）可以得出以下结论。

- 2 个进程（进程 0 与进程 1）在轮流使用逻辑 CPU。也就是说，并非同时使用逻辑 CPU
- 2 个进程所获得的时间片（几毫秒）几乎相等

通过图表②（图 4-6）可以得出以下结论。

- 每个进程都只在使用逻辑 CPU 期间推进进度，换一种说法就是，在别的进程运行时并不会推进进度
- 单位时间推进的进度约为运行单个进程时的 1/2。在进程数量为 1 时，每毫秒推进 1% 左右；在进程数量为 2 时，每毫秒推进 0.5% 左右
- 处理完所有进程所消耗的时间约为运行单个进程时的 2 倍

● 实验 4-C（进程数量 =4）

接下来是实验 4-C 的情况。

这次实验得到的图表①（图 4-7）和前一个实验一样，并非同时运行各个进程。尽管每个进程获得的时间片的长度略微不同，但每个进程最后都大致消耗了相等的 CPU 时间。

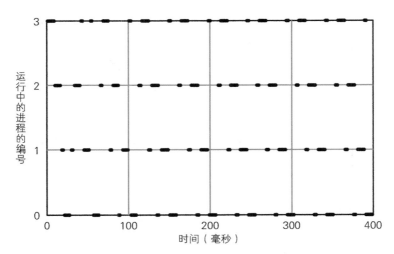

图 4-7　在逻辑 CPU 上运行的进程（实验 4-C，图表①）

把每个进程的进度制作成图表②（图 4-8 ）。

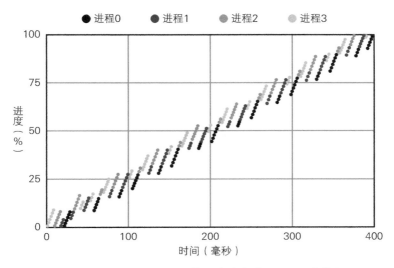

图 4-8　进程 0 ~ 进程 3 的进度（实验 4-C，图表② ）

图表②的结果也与前一个实验大致相同。单位时间的进度约为进程数量为 1 时的 1/4。全部进程运行结束所消耗的时间约为进程数量为 1 时的 4 倍。

4.4　思考

通过以上 3 个实验，我们可以得出以下结论。

• 不管同时运行多少个进程，在任意时间点上，只能有一个进程运行在逻辑 CPU 上
• 在逻辑 CPU 上运行多个进程时，它们将按轮询调度的方式循环运行，即所有进程按顺序逐个运行，一轮过后重新从第一个进程开始轮流运行
• 每个进程被分配到的时间片的长度大体上相等
• 全部进程运行结束所消耗的时间，随着进程数量的增加而等比例地增加

4.5 上下文切换

上下文切换是指切换正在逻辑 CPU 上运行的进程。图 4-9 所示为当存在进程 0 和进程 1 时，在消耗完一个时间片后进行上下文切换的情况。

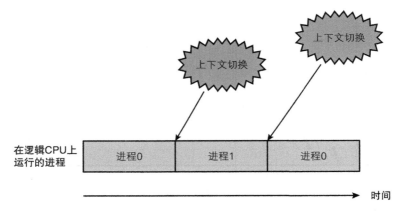

图 4-9　发生上下文切换

当一个时间片被消耗完后，不管进程正在执行什么代码，都一定会发生上下文切换。如果不理解这一点，就容易产生如图 4-10 所示的误会。

图 4-10　程序中的函数的执行时机（产生误会的例子）

但在现实的 Linux 中，并不能保证 bar() 紧接在 foo() 之后执行。如果 foo() 执行完后刚好消耗完时间片，则 bar() 的执行就会延后，如图 4-11 所示。

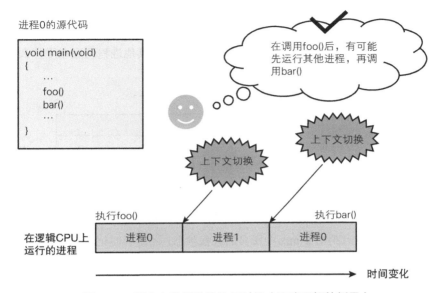

图 4-11 程序中的函数的执行时机（正确理解的例子）

理解了这一点之后，当出现某个处理消耗过长时间的情况时，你就不会理所当然地得出"肯定是处理本身有问题"这种结论，而会考虑到"可能发生了上下文切换，正在处理别的进程"等情况。

4.6 进程的状态

系统中究竟运行着多少个进程呢？使用 `ps ax` 命令可以按照一行一个进程的格式列举出系统中当前正在运行的所有进程。然后，根据执行该命令而输出的行数，就能直接得知正在运行的进程总数。在笔者的计算机上，该命令的执行结果如下所示。

```
$ ps ax | wc -l
365
```

查询得知，笔者计算机当前正在运行的进程数量为 365。在不同的计算机上，这个数值可能有所不同，而且每次执行得到的结果也会略微不同，不过我们不需要在意这些细微的差别。

我们通过前面的实验了解到，在 sched 程序运行时，仅为 sched 程序内的进程分配 CPU 时间。那么，这时系统内的其他进程到底在干什么呢？实际上，系统上的大部分进程处于**睡眠态**。

进程存在多种状态，进程的一部分状态如下所示。

状态名	含义
运行态	正在逻辑 CPU 上运行
就绪态	进程具备运行条件，等待分配 CPU 时间
睡眠态	进程不准备运行，除非发生某事件。在此期间不消耗 CPU 时间
僵死状态	进程运行结束，正在等待父进程将其回收

上表并没有列出 Linux 中所有的进程状态，不过暂时记住这些就没问题了。

举例来说，处于睡眠态的进程所等待的事件有以下几种。

- 等待指定的时间（比如等待 3 分钟）
- 等待用户通过键盘或鼠标等设备进行输入
- 等待 HDD 或 SDD 等外部存储器的读写结束
- 等待网络的数据收发结束

通过查看 ps ax 的输出结果中的第 3 个字段 STAT 的首字母，就可以得知进程处于哪种状态。

STAT 字段的首字母	状态
R	运行态或者就绪态
S 或 D	睡眠态。S 指可通过接收信号回到运行态，D 指 S 以外的情况（D 主要出现于等待外部存储器的访问时）
Z	僵死状态

接下来我们看一下实际存在于系统中的进程的状态。

```
$ ps ax
（略）
10533 pts/24   Ss       0:00 /bin/bash --noediting -i
10759 ?        Ss       0:00 sshd: root [priv]
10760 ?        S        0:00 sshd: root [net]
10761 pts/24   R+       0:00 ps ax
15599 ?        Ssl      0:00 /usr/lib/x86_64-linux-gnu/unity/ ↵
unity-panel-service --lockscreen-mode
22857 ?        S<       0:00 [bioset]
22859 ?        S<       0:00 [xfsalloc]
22860 ?        S<       0:00 [xfs_mru_cache]
22869 ?        S        0:00 [jfsIO]
22870 ?        S        0:00 [jfsCommit]
22871 ?        S        0:00 [jfsCommit]
22872 ?        S        0:00 [jfsCommit]
22873 ?        S        0:00 [jfsCommit]
22874 ?        S        0:00 [jfsCommit]
22875 ?        S        0:00 [jfsCommit]
22876 ?        S        0:00 [jfsCommit]
22877 ?        S        0:00 [jfsCommit]
22878 ?        S        0:00 [jfsSync]
25057 ?        S<       0:00 [kworker/u33:0]
$
```

可以看到，确实大部分进程的状态标记为 S。ps ax 被标记为 R，这是因为该程序为了输出进程状态而正在运行中。另外，由于 bash 正在等待用户输入，所以它处于睡眠态 [①]。

需要注意的是，处于 D 状态的进程通常会在几毫秒之内迁移到别的状态。当出现长时间处于 D 状态的进程时，需要考虑是否发生了以下状况。

- 存储器的 I/O 处理尚未结束
- 内核中发生了某种问题

4.7 状态转换

图 4-12 所示为进程的各种状态之间的关联。由该图可知，进程在被创建后的整个生命周期中，会不断地在运行态、就绪态和睡眠态之间转换，并非简单地使用完分配到的 CPU 时间后就立刻结束。

---

① 对于第 3 个字段，现在无须在意首字母以外的内容（例如 S 后面的 <）。

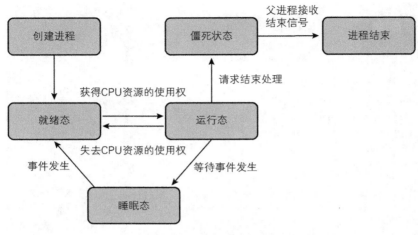

图 4-12 进程的各种状态

明白这一点后，我们来看几个状态转换的例子。

首先是最简单的不会进入睡眠态的进程。

图 4-13 所示为在 sched 程序中只运行 p0 这一个进程时该进程的状态转换，以及在此期间逻辑 CPU 上执行的处理。

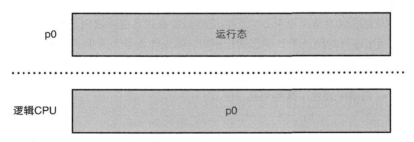

图 4-13 进程的状态以及逻辑 CPU 上执行的处理

（进程不会进入睡眠态的情况）

实际上，在 p0 运行时，系统上还运行着许多其他进程，但它们全部（准确来说是绝大多数）处于睡眠态，所以图 4-13 中省略了这些进程。

运行 p0 与 p1 两个进程时的情况如图 4-14 所示。

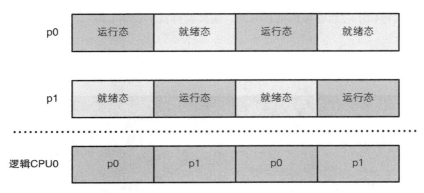

图 4-14 进程的状态以及逻辑 CPU 上执行的处理（运行 p0、p1 时的情况）

如果在逻辑 CPU 上运行着一个进程 p0，并且 p0 在运行期间睡眠过一次，情况就会变成如图 4-15 所示的那样。

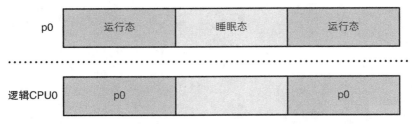

图 4-15 进程的状态以及逻辑 CPU 上执行的处理（进程进入睡眠态的情况）

4.8 空闲状态

在图 4-15 中，p0 有一段时间没有在 CPU0 上运行。在此期间，逻辑 CPU 上会发生什么呢？

实际上，在此期间，逻辑 CPU 会运行一个被称为**空闲进程**的不执行任何处理的特殊进程。空闲进程最简单的实现方式就是创建一个新进程，或者在唤醒处于睡眠态的进程之前执行无意义的循环。但因为这样会浪费电，所以通常并不会这样处理，而是使用特殊的 CPU 指令使逻辑 CPU 进入休眠状态，直到出现就绪态的进程。大家的计算机和智能手机之所以在不运行程序时能够待机更长时间，主要就得益于逻辑 CPU 能够进入空闲状态。

利用 sar 命令就可以确认单位时间内逻辑 CPU 处于空闲状态的时间占比，以及有多少空余的计算资源。

```
$ sar -P ALL 1
（略）
09:25:53   CPU   %user   %nice  %system  %iowait  %steal  %idle
09:25:54   all    0.50    0.00     0.12     0.00    0.00   99.38
09:25:54     0    0.00    0.00     0.00     0.00    0.00  100.00
09:25:54     1    0.00    0.00     0.00     0.00    0.00  100.00
09:25:54     2    0.00    0.00     0.00     0.00    0.00  100.00
09:25:54     3    0.00    0.00     0.00     0.00    0.00  100.00
09:25:54     4    1.00    0.00     0.00     0.00    0.00   99.00
09:25:54     5    1.01    0.00     0.00     0.00    0.00   98.99
09:25:54     6    0.99    0.00     1.00     0.00    0.00   99.00
09:25:54     7    0.99    0.00     0.00     0.00    0.00   99.01

09:25:54   CPU   %user   %nice  %system  %iowait  %steal  %idle
09:25:55   all    0.25    0.00     0.25     0.00    0.00   99.50
09:25:55     0    0.00    0.00     0.00     0.00    0.00  100.00
09:25:55     1    0.00    0.00     0.00     0.00    0.00  100.00
09:25:55     2    0.00    0.00     0.00     0.00    0.00  100.00
09:25:55     3    0.00    0.00     0.00     0.00    0.00  100.00
09:25:55     4    1.00    0.00     0.00     0.00    0.00   99.00
09:25:55     5    1.00    0.00     0.00     0.00    0.00   99.00
09:25:55     6    0.00    0.00     1.98     0.00    0.00   98.02
09:25:55     7    0.00    0.00     0.00     0.00    0.00  100.00
（略）
```

最后的 %idle 字段显示了 1 秒内空闲状态的时间占比。通过上面的数据可知，系统当前基本没有消耗 CPU 时间。

接下来，我们尝试在逻辑 CPU0 上运行无限循环的 Python 程序（代码清单 4-2），并在此期间采集数据。

代码清单 4-2　loop.py 程序（loop.py）

```
while True:
    pass
```

运行这个程序，结果如下。

```
$ taskset -c 0 python3 loop.py &
[4] 15009
$ sar -P ALL 1
（略）
09:54:40   CPU   %user   %nice   %system   %iowait   %steal   %idle
09:54:41   all   12.97    0.00      0.12      0.00     0.00   86.91
09:54:41     0  100.00    0.00      0.00      0.00     0.00    0.00
09:54:41     1    0.00    0.00      0.00      0.00     0.00  100.00
09:54:41     2    0.00    0.00      0.00      0.00     0.00  100.00
09:54:41     3    0.00    0.00      0.00      0.00     0.00  100.00
09:54:41     4    0.00    0.00      0.00      0.00     0.00  100.00
09:54:41     5    0.99    0.00      0.00      0.00     0.00   99.01
09:54:41     6    1.00    0.00      0.00      0.00     0.00   99.00
09:54:41     7    0.99    0.00      0.00      0.00     0.00   99.01

09:54:41   CPU   %user   %nice   %system   %iowait   %steal   %idle
09:54:42   all   13.00    0.00      0.00      0.00     0.00   87.00
09:54:42     0  100.00    0.00      0.00      0.00     0.00    0.00
09:54:42     1    0.00    0.00      0.00      0.00     0.00  100.00
09:54:42     2    0.00    0.00      0.00      0.00     0.00  100.00
09:54:42     3    0.00    0.00      0.00      0.00     0.00  100.00
09:54:42     4    2.00    0.00      0.00      0.00     0.00   98.00
09:54:42     5    2.00    0.00      0.00      0.00     0.00   98.00
09:54:42     6    0.00    0.00      1.00      0.00     0.00   99.00
09:54:42     7    1.00    0.00      0.00      0.00     0.00   99.00
（略）
```

可以看出，只有逻辑 CPU0 的 `%idle` 变成了 0，这是因为 loop.py 程序持续运行在逻辑 CPU0 上。

在采集完数据后，记得结束正在运行的程序。

```
$ kill 15009
$
```

4.9 各种各样的状态转换

在现实中的系统中，各个进程会根据不同的处理转换到各种不同的状态，在逻辑 CPU 上运行的进程也会随之发生变化。

我们一起来思考一下，执行以下处理的进程（这里称为进程 0）在运行时会发生什么。

① 接收用户的输入。

② 根据用户输入的信息读取文件。

在逻辑 CPU 上只存在进程 0 时，进程 0 的状态转换以及逻辑 CPU 在各种状态下执行的处理如图 4-16 所示。

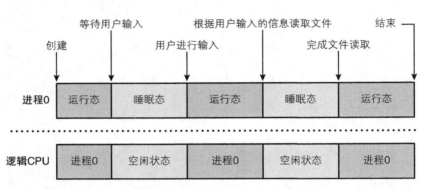

图 4-16　进程的状态以及逻辑 CPU 上执行的处理（只有进程 0 时的情况）

当存在多个这样的进程时，情况如图 4-17 所示。

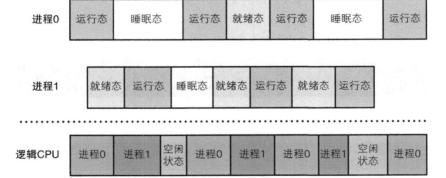

图 4-17　进程的状态以及逻辑 CPU 上执行的处理（存在多个进程时的情况）

虽然看起来比较复杂，但重点只有两个：①在逻辑 CPU 上同一时间只能运行一个进程；②睡眠态的进程不会占用 CPU 时间。如果你在开发或者使用软件时多少能想起来图 4-16 和图 4-17 的情况，那么一定可以加深对计算机系统的了解。

4.10 吞吐量与延迟

下面将介绍**吞吐量**和**延迟**这两个表示处理性能的指标的概念，它们的定义如下所示。

- **吞吐量**：单位时间内的总工作量，越大越好
- **延迟**：各种处理从开始到完成所耗费的时间，越短越好

这两个指标不仅适用于逻辑 CPU，对于评价其他硬件（例如外部存储器等）的性能来说也非常重要。但是，为了便于理解，这里将集中讲解逻辑 CPU 的处理性能。下面是这两个指标的计算公式。

- **吞吐量 = 处理完成的进程数量 / 耗费的时间**
- **延迟 = 结束处理的时间 – 开始处理的时间**

我们先来看一下吞吐量。对于吞吐量，基本上可以简单地理解为，CPU 的计算资源消耗得越多，或者说空闲状态的时间占比越低，吞吐量就越大。

比如存在一个反复在"使用逻辑 CPU"和"进入睡眠态"之间转换的进程，这个进程和逻辑 CPU 的状态转换如图 4-18 所示。

图 4-18　进程的状态以及逻辑 CPU 上执行的处理（存在 1 个经常进入睡眠态的进程时的情况）

在这 100 毫秒内，逻辑 CPU 有 40 毫秒处于空闲状态（通过 `sar -P ALL` 可以看到，`%idle` 的值是 40）。当前的吞吐量的计算如下所示。

$$吞吐量 = 1 个进程 / 100 毫秒$$
$$= 1 个进程 / 0.1 秒$$
$$= 10 个进程 / 秒$$

如果上述进程有 2 个，并且 2 个进程开始运行的时间存在时间差（虽然有点刻意），则此时的情况如图 4-19 所示。

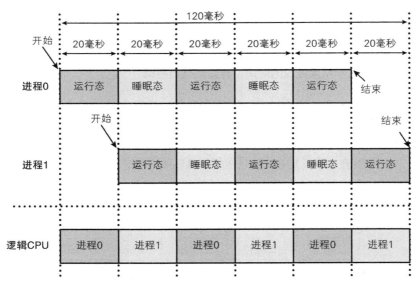

图 4-19 进程的状态以及逻辑 CPU 上执行的处理（存在 2 个经常进入睡眠态的进程时的情况）

这次逻辑 CPU 没有出现空闲状态。吞吐量的计算如下所示。

$$吞吐量 = 2 个进程 / 120 毫秒$$
$$= 2 个进程 / 0.12 秒$$
$$\approx 16.7 个进程 / 秒$$

我们将计算出来的数据汇总到下表中。

进程数量	空闲时间的占比（%）	吞吐量
1	40	10
2	0	16.7

通过上表可知，空闲时间的占比越低，吞吐量就越大。

接下来，我们把延迟也纳入考量范围。以前面的实验 4-A、实验 4-B 和实验 4-C 得到的数据作为对象，一边观察由实验得到的图表，一边思考其吞吐量和延迟。

当只有 1 个进程时，用 100 毫秒处理完 1 个进程（进程 0），如图 4-20 所示。

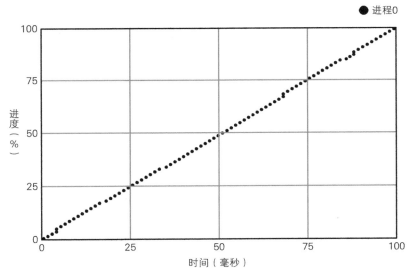

图 4-20　进程 0 的进度（同图 4-4）

吞吐量与延迟的计算如下所示。

$$吞吐量 = 1 个进程 / 100 毫秒$$
$$= 1 个进程 / 0.1 秒$$
$$= 10 个进程 / 秒$$

$$平均延迟 = 进程 0 的延迟$$
$$= 100 毫秒$$

当存在 2 个进程时，运行 2 个进程（进程 0、进程 1）共消耗 200 毫秒。另外，2 个进程几乎同时在 200 毫秒时运行结束，如图 4-21 所示。

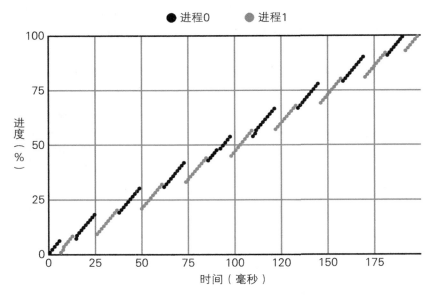

图 4-21　进程 0 与进程 1 的进度（同图 4-6）

吞吐量与延迟的计算如下所示。

$$吞吐量 = 2 个进程 / 0.2 秒$$
$$= 10 个进程 / 秒$$

$$平均延迟 = 进程 0 与进程 1 的延迟$$
$$= 200 毫秒$$

当存在 4 个进程时，运行 4 个进程（进程 0 ～ 进程 3）共消耗 400 毫秒。另外，4 个进程几乎同时在 400 毫秒时结束运行，如图 4-22 所示。

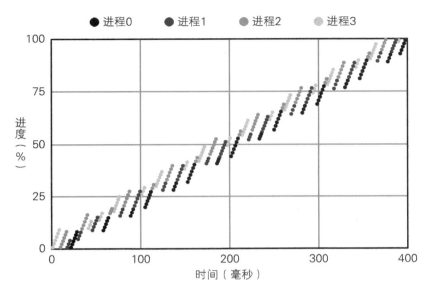

图 4-22　进程 0 ~ 进程 3 的进度（同图 4-8）

吞吐量与延迟的计算如下所示。

$$吞吐量 = 4 \text{ 个进程} / 0.4 \text{ 秒}$$
$$= 10 \text{ 个进程} / \text{秒}$$

$$平均延迟 = 进程 0 ~ 进程 3 \text{ 的延迟}$$
$$= 400 \text{ 毫秒}$$

把所有计算结果汇总成下表。

进程数量	吞吐量（进程数量 / 秒）	平均延迟（毫秒）
1	10	100
2	10	200
4	10	400

通过上表可以得出以下结论。

- 在耗尽逻辑 CPU 的计算能力后，也就是说，当所有逻辑 CPU 都不处于空闲状态后，不管继续增加多少个进程，吞吐量都不会再发生变化 [①]
- 随着进程数量的增加，延迟会越来越长
- 每个进程的平均延迟是相等的

下面对最后一点进行补充说明。在允许运行多个进程时，假如调度器并没有通过轮询调度的方式进行调度，结果就会变成如图 4-23 所示的情况，也就是在运行完一个进程后再开始调度下一个进程。

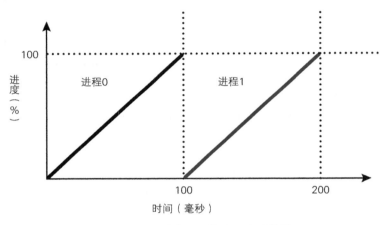

图 4-23 调度器未采用轮询调度时的情况

在这种情况下，虽然吞吐量不变，进程 0 和进程 1 也是同时开始运行的，但是前者的延迟为 100 毫秒，而后者的延迟为 200 毫秒。也就是说，出现了"不公平"的情况。正是为了避免这样的情况出现，调度器才把逻辑 CPU 的 CPU 时间划分为时长很短的时间片来分配给各个进程。

---

① 更加准确的说法是，如果在 %idle 的值变成 0 后进程数量继续增加，则上下文切换的系统开销增加，从而导致吞吐量降低。

4.11 现实中的系统

首先总结一下前面的内容：当逻辑 CPU 始终处于工作状态（即没有空闲状态）并且没有程序处于就绪态时，吞吐量与延迟就是最优值。但是，现实中并没有这么多恰好的事情。在现实中的系统中，逻辑 CPU 会在下列状态之间不断转换。

- 空闲状态。由于逻辑 CPU 处于空闲状态，所以吞吐量会降低
- 进程正在运行，且没有处于就绪态的进程，这是一种理想的状态。如果在这样的状态下加入一个处于就绪态的进程，则两个进程的延迟都会变长
- 进程正在运行，且存在就绪态的进程。这时吞吐量很大，但是延迟会变长

看到这里，想必大家都已经明白了，在大多数情况下，吞吐量与延迟是此消彼长的关系。

我们在设计系统时，为了使系统达到目标性能，也会对系统进行优化。比如，基于下列数据进行优化。

- `sar` 命令中的 `%idle` 字段
- `sar -q` 的 `runq-sz` 字段。该字段显示的是处于运行态或就绪态的进程总数（全部逻辑 CPU 的合计值）

下面，我们使用 4.8 节的 loop.py 程序，举例介绍一下 `runq-sz` 字段。

```
$ sar -q 1 1
（略）
11:28:28   runq-sz plist-sz ldavg-1 ldavg-5 ldavg-15 blocked
11:28:29         0      831    6.17    5.17     2.46        0
              ←没有处于运行态或就绪态的进程，即系统处于空闲状态
Average:          0      831    6.17    5.17     2.46        0
$ taskset -c 0 python3 ./loop.py &   ←在逻辑 CPU0 上运行一个无限
                                      循环程序
[1] 9649
$ sar -q 1 1
（略）
```

```
11:28:42  runq-sz plist-sz ldavg-1 ldavg-5 ldavg-15 blocked
10:28:43        1      831    4.88    4.93     2.43        0
          ←存在一个处于运行态或就绪态的进程，即在逻辑 CPU0 上正
          在运行一个无限循环程序
Average:        1      831    4.88    4.93     2.43        0
$ taskset -c 0 python3 ./loop.py &   ←运行另一个上面那样的程序
[2] 9655
$ sar -q 1 1
（略）
11:28:47  runq-sz plist-sz ldavg-1 ldavg-5 ldavg-15 blocked
10:28:48        2      835    4.57    4.87     2.42        0
          ←存在两个处于运行态或就绪态的进程，即在逻辑 CPU0 上有两个无限循
          环程序，轮流进入就绪态和运行态
Average:        2      835    4.57    4.87     2.42        0
```

在运行结束后，记得结束正在运行的程序。

```
$ kill 9649 9655
$
```

4.12 存在多个逻辑CPU时的调度

当存在多个逻辑 CPU 时，如何进行调度呢？为了能够利用各个逻辑 CPU，调度器会运行一个被称为**负载均衡**或**全局调度**的功能。简单来说，负载均衡负责公平地把进程分配给多个逻辑 CPU。与只有单个逻辑 CPU 时的情况相同，在各个逻辑 CPU 内，调度器为在逻辑 CPU 上运行的各个进程分配均等的 CPU 时间。

图 4-24 所示为在 CPU0 和 CPU1 这 2 个逻辑 CPU 变为空闲状态后，按顺序开始运行 4 个进程（进程 0 ~ 进程 3）时的情形。

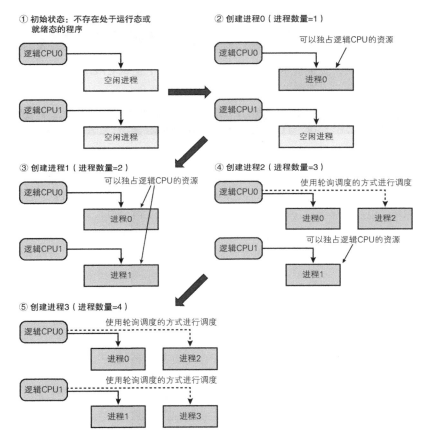

图 4-24 在 2 个逻辑 CPU 上创建并运行进程 0 ~ 进程 3 时的情形

接下来，我们通过实验来确认一下。

4.13 实验方法

只需利用前面使用过的程序，令其运行在多个逻辑 CPU 上即可。首先需要确认一下计算机上搭载了多少个逻辑 CPU。通过计算单词 processor 在 /proc/cpuinfo 这一保存了各个逻辑 CPU 的详细信息的文件中总共出现了多少次，即可得知逻辑 CPU 的数量。

```
$ grep -c processor /proc/cpuinfo
8
```

显而易见，在笔者的计算机中识别出了 8 个逻辑 CPU。接下来，令 sched 程序运行在逻辑 CPU0 和逻辑 CPU4 上。

```
$ taskset -c 0,4 ./sched 进程数量 100 1
```

为什么不令其运行在 CPU0 和 CPU1 上呢？简单来说，由于 CPU0 和 CPU4 没有共用高速缓存（详见第 6 章），所以彼此高度独立，非常适合用于 sched 程序的性能测试。大家在运行这个程序时，只要选择逻辑 CPU0，以及编号为"逻辑 CPU 数量 / 2"的逻辑 CPU 即可。

需要注意的是，请在能够识别出多个逻辑 CPU 的计算机上运行 shced 程序。如果你的运行环境只能识别出单个逻辑 CPU，那么请参考笔者的实验结果。

另外，开启了超线程的计算机，以及系统只识别出 2 个逻辑 CPU 的计算机虽然可以运行实验程序，但是会得到意料之外的结果。超线程的相关内容将在第 6 章详细介绍。

下表所示为 sched 程序的参数。

实验名称	n	total	resol
实验 4-D	1	100	1
实验 4-E	2	100	1
实验 4-F	4	100	1

4.14 实验结果

● 实验 4-D（进程数量 =1）

图 4-25 所示为只有 1 个进程时的情况。

该图和在单个逻辑 CPU 上测试时绘制的图表（图 4-3）一样。进程 0

始终运行在其中一个逻辑 CPU 上，另一个逻辑 CPU 处于空闲状态。

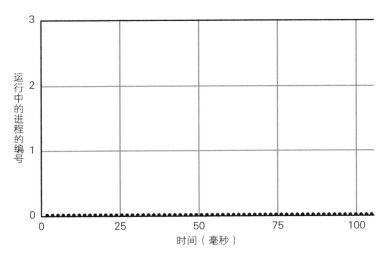

图 4-25 在逻辑 CPU 上运行的进程（实验 4-D，图表①）

进程的进度如图 4-26 所示。

该图也和在单个逻辑 CPU 上测试时绘制的图表（图 4-4）一样。

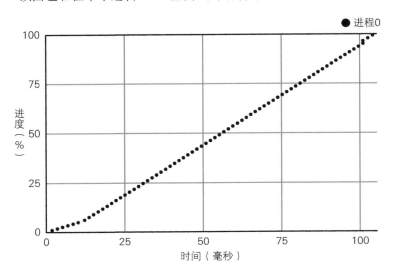

图 4-26 进程 0 的进度（实验 4-D，图表②）

● 实验 4-E（进程数量 =2 ）

图 4-27 所示为运行 2 个进程时的情况。可以看出，进程 0 和进程 1 分别在各自的逻辑 CPU 上同时运行着。由于没有处于空闲状态的逻辑 CPU，所以进程 0 与进程 1 处于最大限度地利用运算资源的状态。

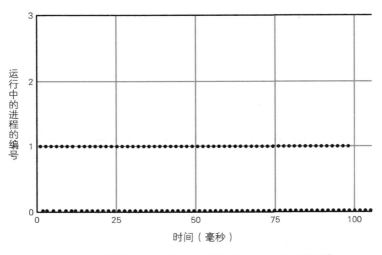

图 4-27　在逻辑 CPU 上运行的进程（实验 4-E，图表① ）

各个进程的进度如图 4-28 所示。因为 2 个进程分别独自占用了 1 个逻辑 CPU，所以与只有单个逻辑 CPU 时的情况相比，2 个进程的处理时间都减少了一半。

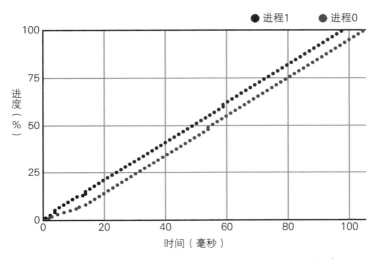

图 4-28 进程 0 与进程 1 的进度（实验 4-E，图表②）

● 实验 4-F（进程数量 =4）

图 4-29 所示为运行 4 个进程时的情况。可以看出，每个逻辑 CPU 被分配 2 个进程，2 个进程在同一个逻辑 CPU 上轮流运行。

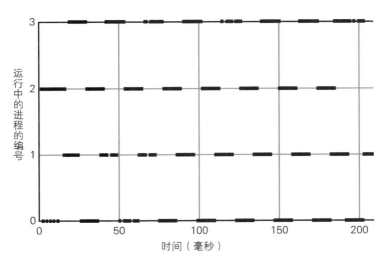

图 4-29 在逻辑 CPU 上运行的进程（实验 4-F，图表①）

这时，各个进程的进度如图 4-30 所示。

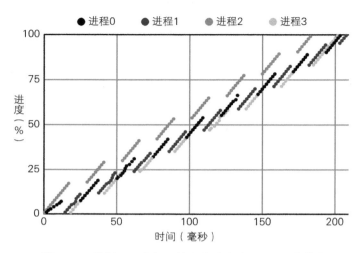

图 4-30　进程 0 ~ 进程 3 的进度（实验 4-F，图表②）

可以看出，各个进程几乎同时在推进进度。最后，每个进程所消耗的时间都比独占逻辑 CPU 进行处理时多了一倍。

4.15　吞吐量与延迟

接下来，我们基于实验 4-D ~ 实验 4-F 的结果计算吞吐量和延迟。

● 实验 4-D

在实验中 4-D，1 个进程在开始运行 100 毫秒后结束运行，所以其吞吐量和延迟的计算如下所示。

$$吞吐量 = 1 个进程 / 100 毫秒$$
$$= 1 个进程 / 0.1 秒$$
$$= 10 个进程 / 秒$$

$$延迟 = 100 毫秒$$

● 实验 4-E

在实验 4-E 中，2 个进程在开始运行 100 毫秒后几乎同时结束运行，所以其吞吐量和延迟的计算如下所示。

$$吞吐量 = 2 个进程 / 100 毫秒$$
$$= 2 个进程 / 0.1 秒$$
$$= 20 个进程 / 秒$$

$$延迟 = 100 毫秒$$

● 实验 4-F

在实验 4-F 中，4 个进程在开始运行 200 毫秒后几乎同时结束运行，所以其吞吐量和延迟的计算如下所示。

$$吞吐量 = 4 个进程 / 200 毫秒$$
$$= 4 个进程 / 0.2 秒$$
$$= 20 个进程 / 秒$$

$$延迟 = 200 毫秒$$

我们把计算结果汇总成下表。

进程数量	吞吐量（进程数量 / 秒）	延迟（毫秒）
1	10	100
2	20	100
4	20	200

4.16 思考

这些数据印证了本章开头提到的以下两点内容。

- 一个 CPU 同时只运行一个进程

- 在同时运行多个进程时，每个进程都会获得适当的时长，轮流在 CPU 上执行处理

除此之外，我们还能得出以下结论。

- 对于多核 CPU 的计算机来说，只有同时运行多个进程才能提高吞吐量。另外，"有 n 个核心就有 n 倍性能"这种说法，说到底也只存在于理想状态中
- 与只有单个逻辑 CPU 时一样，当进程数量多于逻辑 CPU 数量时，吞吐量就不会再提高

4.17　运行时间和执行时间

通过 time 命令运行进程，就能得到进程从开始到结束所经过的时间，以及实际执行处理所消耗的时间。

- 运行时间：进程从开始运行到运行结束为止所经过的时间。类似于利用秒表从开始运行的时间点开始计时，一直测量到运行结束
- 执行时间：进程实际占用逻辑 CPU 的时长

运行时间和执行时间如图 4-31 所示。

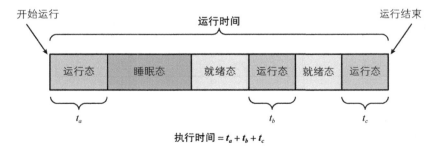

执行时间 $= t_a + t_b + t_c$

图 4-31　运行时间和执行时间

接下来，我们尝试使用 time 命令，来获取 sched 程序的运行时间和执行时间。本次实验的重点并非考察运行进度等细节，而是计算进程

结束时的运行时间和执行时间。因此，在本次实验中，我们将 sched 程序的参数调整为下列数值。

- **total**（运行的总时长）：10 秒
- **resol**（输出进度的时间间隔）：10 秒

● 逻辑 CPU 数量 =1，进程数量 =1

```
$ time taskset -c 0 ./sched 1 10000 10000
0       9811     100

real    0m11.567s
user    0m11.560s
sys     0m0.000s
$
```

real 的值为运行时间，user 与 sys 的和为执行时间。

user 表示进程在用户模式下耗费的 CPU 时间。与此对应的 sys 则表示内核为了响应用户模式发出的请求而执行系统调用所耗费的时间。

在这个例子中，进程独占逻辑 CPU，因此运行时间与执行时间几乎相等。另外，由于大部分时间用于在用户模式下执行循环处理，所以 sys 的值几乎为 0。

运行完该进程需要耗费大约 11.6 秒，但完成 100% 进度只需要大约 9.8 秒。之所以存在这个时间差，是由于在开始处理前需要估算 1 毫秒 CPU 时间对应的计算量（sched.c 的 loops_per_msec() 函数），这个预处理消耗了一部分时间（图 4-32）。

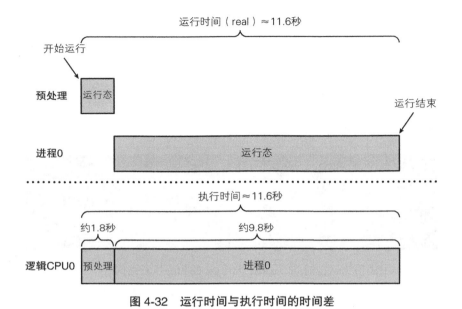

图 4-32 运行时间与执行时间的时间差

● 逻辑CPU数量=1，进程数量=2

```
$ time taskset -c 0 ./sched 2 10000 10000
1       19716    100
0       19732    100

real    0m21.487s
user    0m21.480s
sys     0m0.000s
$
```

可以看到，这次的运行时间与执行时间也几乎相等。除去预处理的时间后，运行时间与执行时间几乎都变为前一次实验的 2 倍。这是因为在单位时间内，每个进程只能使用其中一半的时间（图 4-33）。

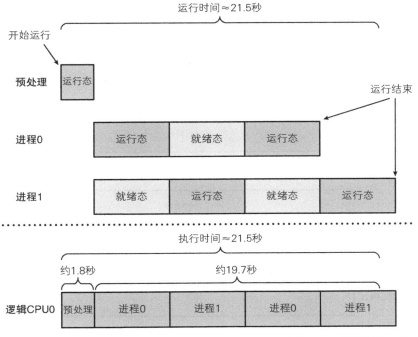

图 4-33 运行时间与执行时间的时间差（逻辑 CPU 数量 =1，进程数量 =2）

● 逻辑CPU数量=2，进程数量=1

当存在 2 个逻辑 CPU 时，情况会变成什么样呢？

```
$ time taskset -c 0,1 ./sched 1 10000 10000
0        9813        100

real    0m11.569s
user    0m11.564s
sys     0m0.010s
```

与单个逻辑 CPU 时的数据几乎一模一样。通过实验数据可以得知，就算存在 2 个逻辑 CPU，其中 1 个也会一直处于空闲状态（图 4-34）。

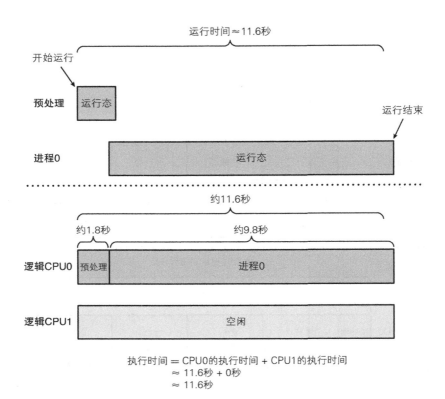

图 4-34　运行时间与执行时间的时间差（逻辑 CPU 数量 =2，进程数量 =1）

● 逻辑 CPU 数量 =2，进程数量 =4

```
$ time taskset -c 0,1 ./sched 4 10000 10000
0       20850   100
1       20584   100
2       19910   100
3       20871   100

real    0m22.599s
user    0m43.388s
sys     0m0.000s
```

　　虽然运行时间与"逻辑 CPU 数量 =1，进程数量 =2"时的实验数据相差不大，但是执行时间几乎是它的 2 倍（图 4-35）。这是因为 2 个逻辑

CPU 上的进程能够在同一时间内各自运行。

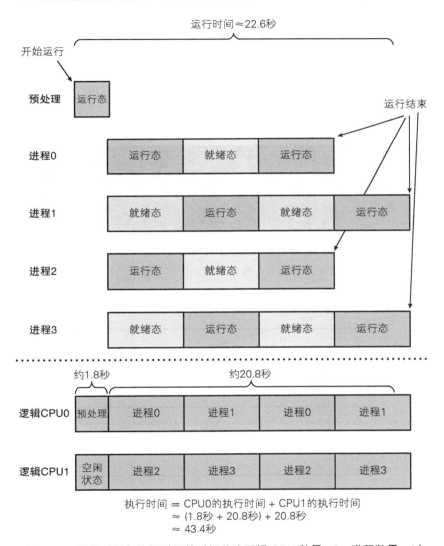

图 4-35 运行时间与执行时间的时间差（逻辑 CPU 数量 =2，进程数量 =4）

　　如果没有调度器的相关知识，我们将很难单凭感觉去理解为什么执行时间比运行时间长。但是，通过图 4-35 就能明白，对于多核系统来说，得到这样的数据是理所当然的。

4.18　进程睡眠

令进程从一开始就睡眠指定的时长，然后就此结束运行，会发生什么呢？让我们尝试执行 sleep 10，让进程从开始运行就进入睡眠状态 10 秒，然后立刻结束运行。

```
$ time sleep 10

real    0m10.001s
user    0m0.000s
sys     0m0.000s
$
```

此时，虽然直到进程结束为止消耗了 10 秒，但是基本上没有使用逻辑 CPU，因此执行时间几乎为 0（图 4-36）。

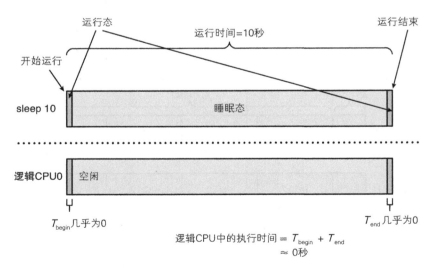

图 4-36　运行时间与执行时间（运行一个睡眠后就结束的进程时的情形）

4.19 现实中的进程

在现实中的系统上，进程会发生包含睡眠态在内的各种复杂的状态转换，因此不会出现像前面的例子那样完美的结果，但希望大家至少能读懂这些数值。下面将介绍一下 time 命令以外的获取运行时间和执行时间的方法。

ps -eo 命令的 etime 字段和 time 字段分别表示进程从开始到执行命令为止的运行时间和执行时间。下面，我们尝试通过这个命令来输出各个进程的进程 ID、命令名、运行时间和执行时间。

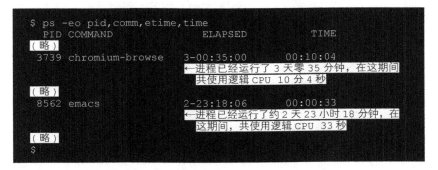

```
$ ps -eo pid,comm,etime,time
  PID COMMAND              ELAPSED           TIME
（略）
 3739 chromium-browse      3-00:35:00        00:10:04
                           ←进程已经运行了 3 天零 35 分钟，在这期间
                             共使用逻辑 CPU 10 分 4 秒
（略）
 8562 emacs                2-23:18:06        00:00:33
                           ←进程已经运行了约 2 天 23 小时 18 分钟，在
                             这期间，共使用逻辑 CPU 33 秒
（略）
$
```

在上面的运行结果中，进程 ID 为 3739 的 chromium-browse 是一个网页浏览器，进程 ID 为 8562 的 emacs 是一个文本编辑器。这些进程虽然已经运行了几天，但几乎没怎么使用逻辑 CPU。这是因为，网页浏览器与文本编辑器都属于与用户进行交互的进程，这些进程大部分时间处于睡眠态，等待用户的输入。

对于持续消耗 CPU 时间的处理（比较典型的例子是科学计算），只要不存在其他正在运行的进程，则执行时间就会接近运行时间与并行数量之积。接下来，我们利用无限循环的 loop.py 程序来进行一下实验。首先是当"逻辑 CPU 数量 =1，进程数量 =1"时的情况。

```
$ taskset -c 0 python3 ./loop.py &
[1] 20999
$ ps -eo pid,comm,etime,time | grep python3
                        ←在程序至少运行 10 秒后再执行这条命令
   PID COMMAND                ELAPSED    TIME
（略）
20999 python3                    00:11 00:00:10
                        ←运行时间与执行时间几乎相等
$
```

在实验结束后，记得结束正在运行的进程。

```
$ kill 20999
$
```

然后，看一下当"逻辑 CPU 数量 =1，进程数量 =2"时的情况。

```
$ taskset -c 0 python3 ./loop.py &
[1] 21304
$ taskset -c 0 python3 ./loop.py &      ←在上一个命令执行后立刻执行
[2] 21306
$ ps -eo pid,comm,etime,time | grep python3
21304 python3                    00:19 00:00:10
                        ←执行时间约为运行时间的 1/2，这是因为与进程 ID 为
                          21306 的进程共享了逻辑 CPU0
21306 python3                    00:19 00:00:09
                        ←执行时间约为运行时间的 1/2，理由同上
$ kill 21304 21306              ←实验结束后记得结束进程
$
```

再来看一下当"逻辑 CPU 数量 =2，进程数量 =2"时的情况。

```
$ taskset -c 0,4 python3 ./loop.py &
[1] 21424
$ taskset -c 0,4 python3 ./loop.py &    ←与上一个命令几乎同时执行
[2] 21425
$ ps -eo pid,comm,etime,time | grep python3
21424 python3                    00:05 00:00:05
                        ←运行时间与执行时间一样，这是因为它独占一个逻辑 CPU
                          （CPU0 或者 CPU4）
21425 python3                    00:05 00:00:04              ←同上
$ kill 21424 21425
$
```

大家觉得如何呢？通过采集平常使用的程序的数据，可以看到它们各自的特征。这非常有趣，请大家也一定尝试一下。

4.20 变更优先级

最后，向大家介绍一下与调度器相关的系统调用和程序。

到目前为止，我们说的都是系统会均等地分配 CPU 时间给所有可以运行的进程。但是，为特定的进程指定优先级也是可以的。nice() 就是为了实现这一点而提供的系统调用。

nice() 能通过 -19 和 20 之间的数来设定进程的运行优先级（默认值为 0），其中，-19 的优先级最高，20 的优先级最低。优先级高的进程可以比普通进程获得更多的 CPU 时间。与此相反，优先级低的进程会获得更少的 CPU 时间。需要注意的是，虽然谁都可以降低进程优先级，但是只有拥有 root 权限的用户才能进行提高优先级的操作。

让我们对前面使用过的 sched 程序进行改造，编写一个实现下述要求的程序。

- 将运行的进程数量固定为 2 个
- 第 1 个参数为 total，第 2 个参数为 resol
- 将 2 个进程的优先级分别设为默认的 0 和 5
- 剩余部分与原本的 sched 程序保持一致

编写完成的 sched_nice 程序如代码清单 4-3 所示。

代码清单 4-3　sched_nice 程序（sched_nice.c）

```
#include <sys/types.h>
#include <sys/wait.h>
#include <time.h>
#include <unistd.h>
#include <stdio.h>
#include <stdlib.h>
#include <string.h>
#include <err.h>

#define NLOOP_FOR_ESTIMATION 1000000000UL
#define NSECS_PER_MSEC 1000000UL
#define NSECS_PER_SEC 1000000000UL

static inline long diff_usec(struct timespec before, struct
                             timespec after)
{
    return ((after.tv_sec * NSECS_PER_SEC + after.tv_nsec)
```

```
                    - (before.tv_sec * NSECS_PER_SEC + before.tv_nsec));
}

static unsigned long loops_per_msec()
{
    unsigned long i;
    struct timespec before, after;

    clock_gettime(CLOCK_MONOTONIC, &before);

    for (i = 0; i < NLOOP_FOR_ESTIMATION; i++)
        ;

    clock_gettime(CLOCK_MONOTONIC, &after);

    int ret;
    return  NLOOP_FOR_ESTIMATION * NSECS_PER_MSEC / diff_usec
(before, after);
}

static inline void load(unsigned long nloop)
{
    unsigned long i;
    for (i = 0; i < nloop; i++)
        ;
}

static void child_fn(int id, struct timespec *buf, int nrecord,
                    unsigned long nloop_per_resol,
                    struct timespec start)
{
    int i;
    for (i = 0; i < nrecord; i++) {
        struct timespec ts;

        load(nloop_per_resol);
        clock_gettime(CLOCK_MONOTONIC, &ts);
        buf[i] = ts;
    }
    for (i = 0; i < nrecord; i++) {
        printf("%d\t%ld\t%d\n", id, diff_usec(start, buf[i]) /
            NSECS_PER_MSEC, (i + 1) * 100 / nrecord);
    }
    exit(EXIT_SUCCESS);
}

static void parent_fn(int nproc)
{
    int i;
    for (i = 0; i < nproc; i++)
        wait(NULL);
}
```

```
static pid_t *pids;

int main(int argc, char *argv[])
{
    int ret = EXIT_FAILURE;

    if (argc < 3) {
        fprintf(stderr, "usage: %s <total[ms]> <resolution[ms]>\
                n", argv[0]);
        exit(EXIT_FAILURE);
    }

    int nproc = 2;
    int total = atoi(argv[1]);
    int resol = atoi(argv[2]);

    if (total < 1) {
        fprintf(stderr, "<total>(%d) should be >= 1\n", total);
        exit(EXIT_FAILURE);
    }

    if (resol < 1) {
        fprintf(stderr, "<resol>(%d) should be >= 1\n", resol);
        exit(EXIT_FAILURE);
    }

    if (total % resol) {
        fprintf(stderr, "<total>(%d) should be multiple of
                <resolution>(%d)\ n", total, resol);
        exit(EXIT_FAILURE);
    }
    int nrecord = total / resol;

    struct timespec *logbuf = malloc(nrecord * sizeof(struct
                                    timespec));
    if (!logbuf)
        err(EXIT_FAILURE, "malloc(logbuf) failed");

    unsigned long nloop_per_resol = loops_per_msec() * resol;

    pids = malloc(nproc * sizeof(pid_t));
    if (pids == NULL) {
        warn("malloc(pids) failed");
        goto free_logbuf;
    }

    struct timespec start;
    clock_gettime(CLOCK_MONOTONIC, &start);

    int i, ncreated;
    for (i = 0, ncreated = 0; i < nproc; i++, ncreated++) {
        pids[i] = fork();
        if (pids[i] < 0) {
```

```
            goto wait_children;
        } else if (pids[i] == 0) {
            // 子进程

            if (i == 1)
                nice(5);
            child_fn(i, logbuf, nrecord, nloop_per_resol, start);
            /* 不应该运行到这里 */
        }
    }
    ret = EXIT_SUCCESS;

    // 父进程

wait_children:
    if (ret == EXIT_FAILURE) {
        for (i = 0; i < ncreated; i++)
            if (kill(pids[i], SIGINT) < 0)
                warn("kill(%d) failed", pids[i]);

    for (i = 0; i < ncreated; i++)
        if (wait(NULL) < 0)
            warn("wait() failed.");

free_pids:
    free(pids);

free_logbuf:
    free(logbuf);

    exit(ret);
}
```

编译并运行这个程序。为了凸显优先级的作用，我们令本程序仅运行在逻辑 CPU0 上，运行结果如下所示。

```
$ cc -o sched_nice sched_nice.c
$ taskset -c 0 ./sched_nice 100 1
0          1          1
0          2          2
0          3          3
0          4          4
0          5          5
（略）
1          195        96
1          196        97
1          197        98
1          198        99
1          199        100
$
```

图 4-37 所示为 2 个进程在逻辑 CPU0 上的运行情况。

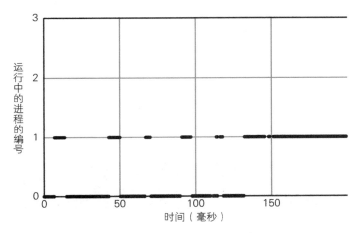

图 4-37　在逻辑 CPU0 上运行的进程

可以看到，优先级高（nice 的值更小）的进程 0，比优先级低（nice 的值更大）的进程 1 获得了更多的 CPU 时间。

2 个进程的进度如图 4-38 所示。

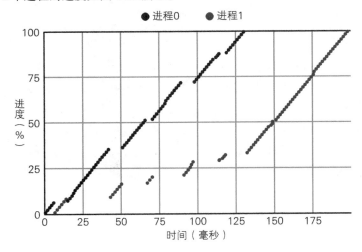

图 4-38　进程 0 与进程 1 的进度

可以看到，由于进程 0 优先被分配 CPU 时间，所以它比进程 1 更早结束运行，而进程 1 在进程 0 结束后继续运行到结束。由于处理量并没有改变，所以 2 个进程的处理依旧需要消耗 200 毫秒，这和没有设置优先级时是一样的。

优先级除了可以通过在程序中调用函数来设定，还能通过执行 nice 命令直接设定。通过 nice 命令的 -n 选项指定优先级，便可令某个程序以指定的优先级运行。通过这种方式，就能在不修改源代码的情况下方便地更改程序的优先级。

下面展示了如何令 echo hello 命令在优先级为 5 的状态下运行。

```
$ nice -n 5 echo hello
Hello
$
```

顺便一提，在 sar 命令的输出中，%nice 字段的值表示在从默认值 0 更改为其他优先级后，进程运行时间所占的比例。下面，我们来看一下 loop.py 程序在降低优先级的状态下运行时 sar 的输出。

```
$ nice -n 5 python3 ./loop.py  &
[1] 17831
$ sar -P ALL 1 1
（略）
18:28:27   CPU    %user    %nice   %system   %iowait   %steal     %idle
18:28:28   all     0.25    12.52      0.00      0.00     0.00     87.23
18:28:28     0     0.00   100.00      0.00      0.00     0.00      0.00
18:28:28     1     1.00     0.00      0.00      0.00     0.00     99.00
18:28:28     2     0.00     0.00      0.00      0.00     0.00    100.00
18:28:28     3     0.00     0.00      0.00      0.00     0.00    100.00
18:28:28     4     0.00     0.00      0.00      0.00     0.00    100.00
18:28:28     5     0.99     0.00      0.00      0.00     0.00     99.01
18:28:28     6     0.00     0.00      0.00      0.00     0.00    100.00
18:28:28     7     0.00     0.00      0.00      0.00     0.00    100.00
（略）
$
```

在不使用 nice 命令时，%user 的值为 100；与此相对，在使用 nice 命令后，%nice 的值变成了 100。

在测试结束后，记得结束正在运行的进程。

```
$ kill 17831
```

　　除此之外，本章中使用的 `taskset` 命令也是 OS 提供的调度器相关的程序。该命令请求被称为 `sched_setaffinity()` 的系统调用，以将程序限定在指定的逻辑 CPU 上运行。

第 **5** 章

内存管理

Linux 通过内核中名为**内存管理系统**的功能来管理系统上搭载的所有内存（图 5-1）。除了各种进程以外，内核本身也需要使用内存。

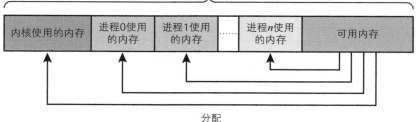

图 5-1　内存管理系统管理着所有内存

5.1　内存相关的统计信息

可以通过 `free` 命令获取系统搭载的内存总量和已消耗的内存量。

```
$ free
              total     used      free  shared  buff/cache  available
Mem:      32942000   337640  30641272   18392     1963088   32000464
Swap:            0        0         0
$
```

这里对 `Mem:` 这一行中的重要字段进行说明。需要注意的是，上面的所有数值的单位都为千字节（KB）。

- **`total` 字段**：系统搭载的物理内存总量。在上面的例子中约为 32 GB
- **`free` 字段**：表面上的可用内存量（详情请参考下面的 `available` 字段的说明）
- **`buff/cache` 字段**：缓冲区缓存与页面缓存（详见第 6 章）占用的内存。当系统的可用内存量（`free` 字段的值）减少时，可通过内核将它们释放出来
- **`available` 字段**：实际的可用内存量。本字段的值为 `free` 字段

的值加上当内存不足时内核中可释放的内存量。"可释放的内存"
指缓冲区缓存与页面缓存中的大部分内存，以及内核中除此以外的
用于其他地方的部分内存

关于 Swap: 这一行的内容，后面将会具体说明。

接下来，我们通过图 5-2 来看一下 free 命令中的各个字段。

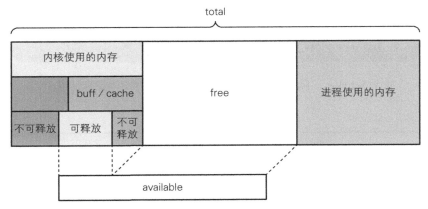

图 5-2　可以通过 free 命令确认的信息

另外，使用 sar　-r 命令，即可通过其第 2 个参数指定采集周期（在
下面的例子中为 1 秒），对内存的相关信息进行采集。

```
$ sar -r 1
（略）
08:19:40  kbmemfree   kbmemused    %memused  kbbuffers   kbcached ⏎
 kbcommit     %commit    kbactive    kbinact    kbdirty
08:19:41  28892368     4049632       12.29       5980    3117188 ⏎
 2127556        6.46     2413616     937524        112
08:19:42  28892368     4049632       12.29       5980    3117188 ⏎
 2127556        6.46     2413616     937524        112
08:19:43  28892368     4049632       12.29       5980    3117188 ⏎
 2127556        6.46     2413616     937524        112
08:19:44  28892368     4049632       12.29       5980    3117188 ⏎
 2127556        6.46     2413616     937524        112
（略）
```

下表列出了 free 命令与 sar　-r 命令中相对应的字段。

free 命令的字段	sar -r 命令的字段
total	不存在
free	kbmemfree
buff/cache	kbbuffers + kbcached
available	不存在

5.2 内存不足

如图 5-3 所示,随着内存使用量增加,可用内存变得越来越少。

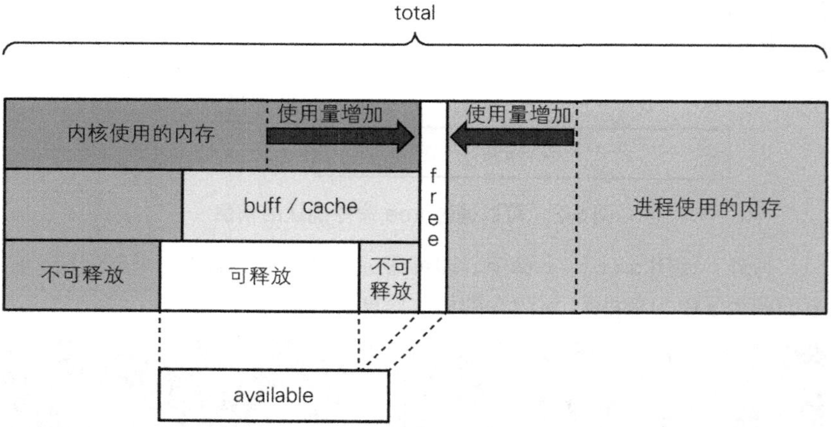

图 5-3　随着内存使用量增加,可用内存越来越少

在变成图 5-3 这样的状态后,内存管理系统将回收内核中可释放的内存[①](图 5-4)。

[①] 为了便于说明,这里解释为一次性回收所有可释放的内存,但在现实中,回收逻辑要更加复杂一些。

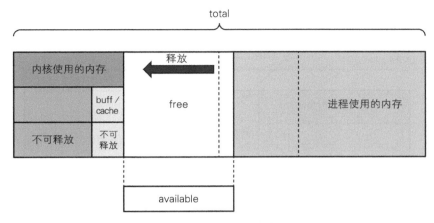

图 5-4 释放内核中的内存区域

如果内存使用量继续增加，系统就会陷入做什么都缺乏足够的内存，以至于无法运行的**内存不足**（Out Of Memory，OOM）状态（图 5-5）。

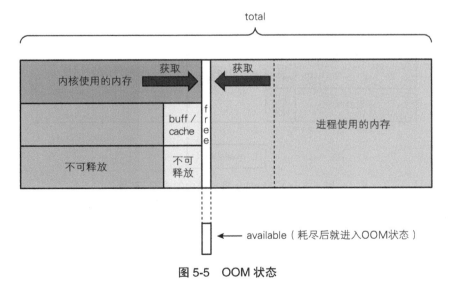

图 5-5 OOM 状态

在进入 OOM 状态后，内存管理系统会运行被称为 **OOM killer** 的可怕功能，该功能会选出合适的进程并将其强制终止（kill 掉），以释放出更多内存（图 5-6）。

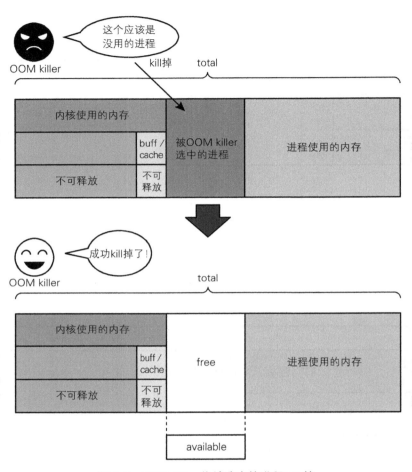

图 5-6　OOM killer 将被选中的进程 kill 掉

如果是个人计算机，这可能并非什么大问题；但如果是商用服务器，则完全不知道结束的是哪一个进程，这种状态非常令人困扰。虽然有办法令特定进程排除在 OOM killer 的选择范围之外，但是要在业务用的进程中筛选出允许强制结束的进程是非常困难的。因此，也有将服务器上的 sysctl 的 vm.panic_on_oom 参数从默认的 0（在发生 OOM 时运行 OOM killer）变更为 1（在发生 OOM 时强制关闭系统）这样的做法。

5.3 简单的内存分配

现在开始解释内存管理系统的**内存分配机制**。要想理解现实中 Linux 的内存分配机制，就必须理解虚拟内存。本章后面会对虚拟内存进行介绍，现在我们先抛开虚拟内存的知识，只说明简单的分配机制以及其中存在的问题（这些问题都能通过虚拟内存解决）。

内核为进程分配内存的时机大体上分为以下两种。

- **在创建进程时**
- **在创建完进程后，动态分配内存时**

其中，创建进程时的内存分配已经在第 3 章解释过了，所以这里直接从创建完进程后的动态内存分配开始说明。

在进程被创建后，如果还需要申请更多内存，那么进程将向内核发出用于获取内存的系统调用，提出分配内存的请求。内核在收到分配内存的请求时，会按照请求量在可用内存中分出相应大小的内存，并把这部分内存的起始地址返回给提出请求的进程。图 5-7 所示为进程请求 100 字节（Byte，简称 B）的内存时的情形。

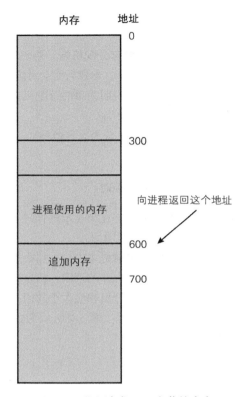

内存　　地址

图 5-7　进程请求 100 字节的内存

但是，这种分配方式会引起下列问题。

- 内存碎片化
- 访问用于其他用途的内存区域
- 难以执行多任务

接下来，我们依次进行详细说明。

● 内存碎片化

在进程被创建后，如果不断重复执行获取与释放内存的操作，就会引发内存碎片化的问题。如图 5-8 所示，300 字节的可用内存分散在 3 个不同的位置，大小分别为 100 字节，这就导致无法分配 100 字节以上的内存区域。

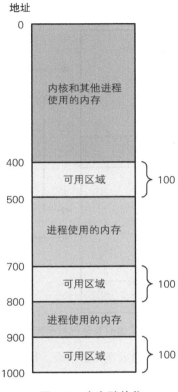

图 5-8　内存碎片化

　　大家或许会想：只要把这 3 个内存区域当作 1 组来使用就没问题了吧？但这是无法实现的，原因如下。

- 进程在每次获取内存后，都需要知道获取的这部分内存涵盖多少个区域，否则就无法使用这些内存，这很不方便
- 进程无法创建比 100 字节更大的数据块，例如 300 字节的数组等

● 访问用于其他用途的内存区域

到目前为止，在我们介绍的简单的机制中，进程均可通过内存地址来访问内核或其他进程所使用的内存（图 5-9）。

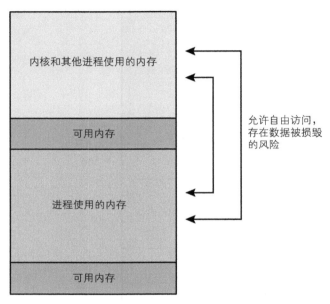

图 5-9 能访问其他已被使用的内存

这样就会存在数据被损毁或泄露的风险。特别需要注意的是，假如内核的数据被损毁了，整个系统将无法正常运行。

● 难以执行多任务

下面来思考一下多个进程同时运行的情景。以如图 5-7 所示的状态为初始状态，如果再次启动同一个程序并尝试映射到内存，就会引发问题。因为对于这个程序来说，如果不把代码放在 300 号地址上，把数据放在 400 号地址上，程序就无法正常运行。

即使如图 5-10 所示，将程序强行映射到其他地方（在该图中为内存地址 800 与 1100 的位置）来运行，也会因为代码和数据指向的内存地址与预期不同而无法正常运行。不仅如此，内存中属于其他进程或内核的区域也可能遭到损毁。

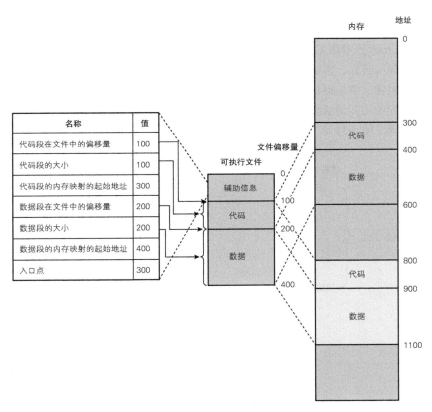

图 5-10　再次启动同一个程序时的情景

这也适用于启动两个不同的程序的情况。在使用这种简单的内存分配方式时，我们在编写程序时，就不得不注意防止与其他程序的内存地址出现重合。

可以看到，简单的内存分配方式存在各种尚待解决的问题。下面我们将解释如何通过引入虚拟内存机制，把这些问题一口气解决掉。

5.4 虚拟内存

为了解决上一节罗列的问题，现代 CPU 搭载了被称为**虚拟内存**的功能，Linux 也利用了这一功能。

简而言之，虚拟内存使进程无法直接访问系统上搭载的内存，取而代之的是通过虚拟地址间接访问。进程可以看见的是**虚拟地址**，系统上搭载的内存的实际地址称为**物理地址**。此外，可以通过地址访问的范围称为**地址空间**（图 5-11）。

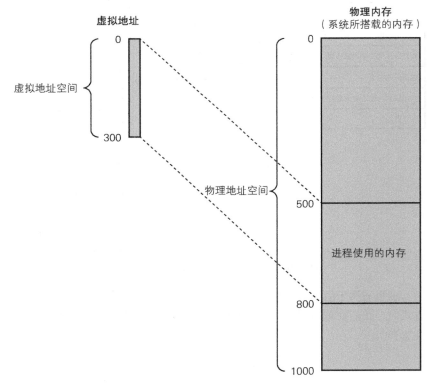

图 5-11 虚拟内存

突然出现的专有名词可能会导致这部分内容难以理解，但要想理解后面的内容，这部分知识是不可或缺的。如果在后面的阅读中感到困惑，请回来重新看看图 5-11，整理一下思路。

假如进程在图 5-11 的状态下访问地址 100 的内存，则它实际上访问的是物理地址 600 的内存上的数据，如图 5-12 所示。

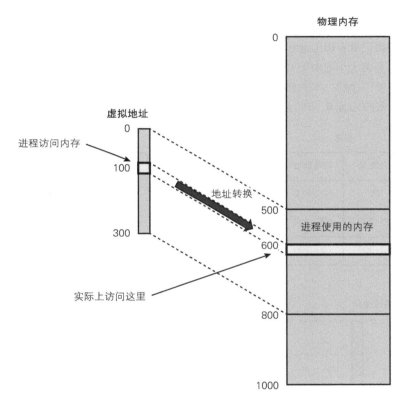

图 5-12 访问虚拟地址 100

我们在第 3 章中通过 readelf 命令或者 cat /proc/pid/maps 输出的地址也是虚拟地址。另外，进程无法直接访问真实的内存，也就是说不存在直接访问物理地址的方法。

5.5 页表

通过保存在内核使用的内存中的**页表**，可以完成从虚拟地址到物理地址的转换。在虚拟内存中，所有内存以页为单位划分并进行管理，地址转换也以页为单位进行。在页表中，一个页面对应的数据条目称为**页表项**。页表项记录着虚拟地址与物理地址的对应关系。

页面大小取决于 CPU 架构。在 x86_64 架构中，页面大小为 4 KB。但为了便于说明，本书假设一个页面的大小为 100 字节。

虚拟地址 0 ~ 300 映射到物理地址 500 ~ 800 的情形如图 5-13 所示。

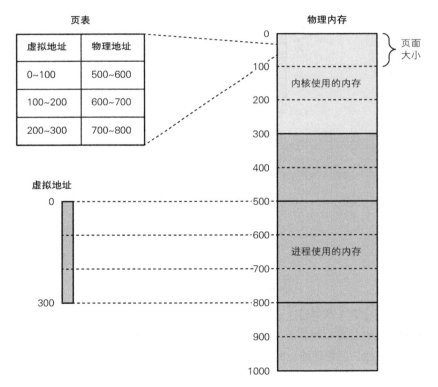

图 5-13 通过页表将虚拟地址映射到物理地址

如果进程访问 0 ~ 300 的虚拟地址，CPU 将自动参考页表的内容，将其转换为对相应的物理地址的访问，而无须经过内核的处理。

访问 300 以后的虚拟地址，会发生什么呢？实际上，虚拟地址空间的大小是固定的，并且页表项中存在一个表示页面是否关联着物理内存的数据。虚拟地址空间的大小为 500 字节时的情形如图 5-14 所示。

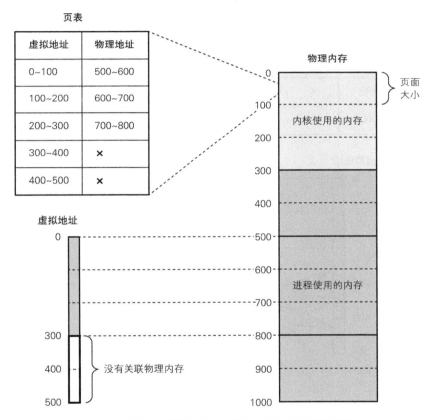

图 5-14　页表（没有为地址 300 ~ 500 分配物理内存）

如果进程访问地址 300 ~ 500，则在 CPU 上会发生**缺页中断**。缺页中断可以中止正在执行的命令，并启动内核中的**缺页中断机构**的处理。例如，在图 5-14 的状态下访问地址 300 时的情形如图 5-15 所示。

内核的缺页中断机构检测到非法访问，向进程发送 SIGSEGV 信号。接收到该信号的进程通常会被强制结束运行。

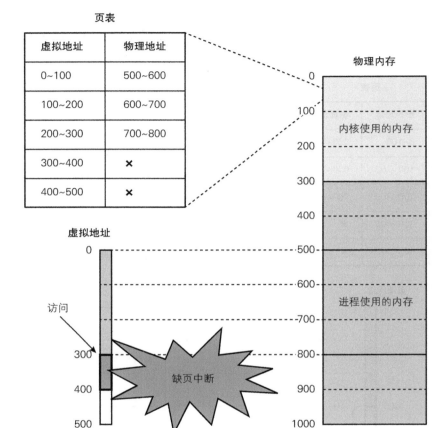

图 5-15 引发缺页中断

5.6 实验

下面来编写一个访问非法地址的程序，程序的要求如下所示。

① 输出字符串 `before invalid access`。

② 向必定会访问失败的地址 `NULL` 写入一个值（这里将写入 0）。

③ 输出字符串 `after invalid access`。

满足上述要求的程序的实现如代码清单 5-1 所示。

代码清单 5-1 segv 程序（segv.c）

```c
#include <stdio.h>
#include <stdlib.h>

int main(void)
{
    int *p = NULL;
    puts("before invalid access");
    *p = 0;
    puts("after invalid access");
    exit(EXIT_SUCCESS);
}
```

运行这个程序，结果如下。

```
$ cc -o segv segv.c
$ ./segv
before invalid access
Segmentation fault (core dumped)
$
```

在输出字符串 `before invalid access` 后，程序并没有输出 `after invalid access`，而是输出了"Segmentation fault..." 这一信息，然后就结束运行了。程序在输出 `before invalid access` 后向非法地址发出了访问，进而引发了 SIGSEGV 信号。由于没有对这一信号进行处理，所以该程序没有继续执行后续的代码就异常终止了。相信很多人遇到过与此类似的异常终止。

在使用 C 语言等直接操作内存地址的编程语言编写的程序中，上述问题的原因通常在于程序自身或者程序所使用的库。与此相对，在使用 Python 等并不直接操作内存地址的编程语言编写的程序中，问题的原因通常在于解析器或者程序依赖的库。

5.7 为进程分配内存

内核是如何利用虚拟内存机制为进程分配内存的呢？下面，我们一起来看看在创建进程时以及在进程创建后动态分配内存时的情形。

● 在创建进程时

首先读取程序的可执行文件，以及第 3 章中说明过的辅助信息。假设可执行文件的结构如下表所示。

名称	值
代码段在文件中的偏移量	100
代码段的大小	100
代码段的内存映射的起始地址	0
数据段在文件中的偏移量	200
数据段的大小	200
数据段的内存映射的起始地址	100
入口点	0

运行程序所需的内存大小为：

$$代码段的大小 + 数据段的大小 = 100 + 200$$
$$= 300$$

因此，在物理内存上划分出大小为 300 的区域，将其分配给进程，并把代码和数据复制过去（图 5-16）。

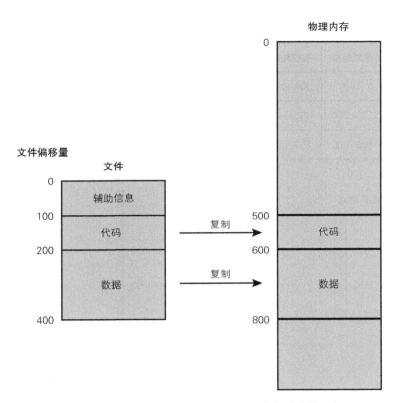

图 5-16 向进程分配内存（存在虚拟内存时的情形）

在现实中，Linux 的物理内存分配使用的是更复杂的**请求分页**方法。关于这部分内容，本章后文将进行说明。

在复制完成后，创建进程的页表，并把虚拟地址映射到物理地址（图 5-17）。

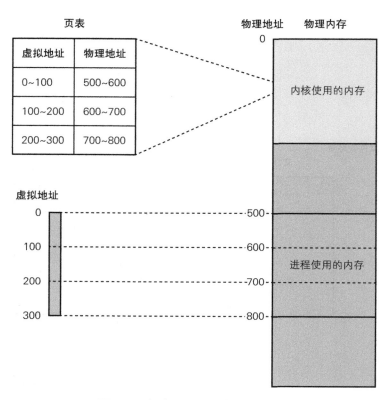

图 5-17 把虚拟地址映射到物理地址

最后，从指定的地址开始运行即可（图 5-18）。

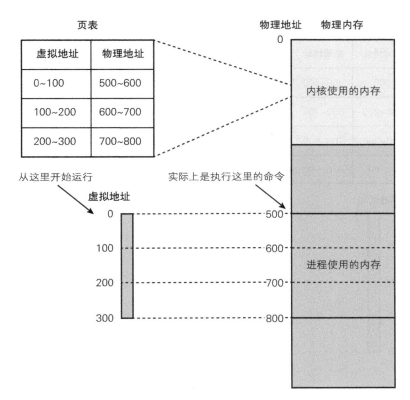

图 5-18 运行进程（存在虚拟内存的情形）

● 在动态分配内存时

如果进程请求更多内存，内核将为其分配新的内存，创建相应的页表，然后把与新分配的内存（的物理地址）对应的虚拟地址返回给进程。在图 5-17 的状态下请求新的 100 字节内存时的情形如图 5-19 所示。

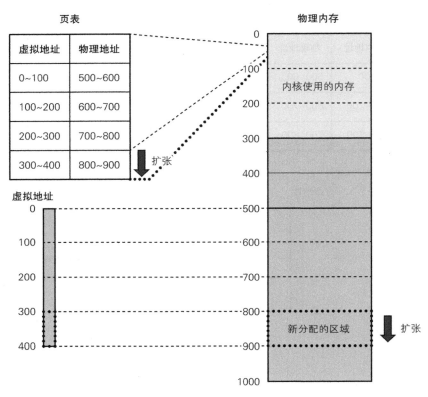

图 5-19 动态分配内存（存在虚拟内存时的情形）

5.8 实验

下面，我们来编写实现下述要求的程序，以确认内存分配的运作方式。

① 显示进程的内存映射信息（ /proc/ pid /maps 的输出 ）。

② 额外获取 100 MB 的内存。

③ 再次显示内存映射信息。

完成后的程序如代码清单 5-2 所示。

代码清单5-2　mmap程序（mmap.c）

```
#include <unistd.h>
#include <sys/mman.h>
#include <stdio.h>
#include <stdlib.h>
#include <err.h>

#define BUFFER_SIZE 1000
#define ALLOC_SIZE (100*1024*1024)

static char command[BUFFER_SIZE];

int main(void)
{
    pid_t pid;

    pid = getpid();
    snprintf(command, BUFFER_SIZE, "cat /proc/%d/maps", pid);

    puts("*** memory map before memory allocation ***");
    fflush(stdout);
    system(command);

    void *new_memory;
    new_memory = mmap(NULL, ALLOC_SIZE, PROT_READ | PROT_WRITE,
                      MAP_PRIVATE | MAP_ANONYMOUS, -1, 0);
    if (new_memory == (void *) -1)
        err(EXIT_FAILURE, "mmap() failed");

    puts("");
    printf("*** succeeded to allocate memory: address = %p;
           size = 0x%x ***\n", new_memory, ALLOC_SIZE);
    puts("");

    puts("*** memory map after memory allocation ***");
    fflush(stdout);
    system(command);

    if (munmap(new_memory, ALLOC_SIZE) == -1)
        err(EXIT_FAILURE, "munmap() failed");
    exit(EXIT_SUCCESS);
}
```

　　在这个程序中，mmap()函数会通过系统调用向 Linux 内核请求新的内存。另外，system()函数会执行第 1 个参数中指定的命令。本程序利用这个函数输出了申请内存前后的内存映射信息。

　　运行这个程序，结果如下。

```
$ cc -o mmap mmap.c
$ ./mmap
*** memory map before memory allocation ***
（略）
*** succeeded to allocate memory: address = 0x7f06ce1cc000; ⏎
                                   size = 0x6400000 ***        ←①

（略）
*** memory map after memory allocation ***
（略）
7f06ce1cc000-7f06d45cc000 rw-p 00000000 00:00 0               ←②
（略）
```

①所指的内容表明成功映射到地址为 `0x7f06ce1cc000` 的内存。因此，在执行 `mmap()` 函数后，比执行该函数前多出了②所指的表示内存区域 `7f06ce1cc000-7f06d45cc000` 的行。这就是新获得的内存区域。第 1 个数值为新内存区域的起始地址，第 2 个数值为结束地址（都以十六进制数表示）。

最后，确认一下这个内存区域的大小。

```
$ python3 -c "print(0x7f06d45cc000 - 0x7f06ce1cc000)"
104857600
$
```

程序准确无误地分配了 `104857600` 字节，即 100 MB 的内存。需要注意的是，大家在自己的计算机上运行本程序时，应该会出现与上面的例子不一样的起始地址与结束地址，但无须在意，因为每次运行程序，这个值都会发生改变。不过，不管出现什么值，两个地址的差都是 100 MB。

5.9 利用上层进行内存分配

C 语言标准库中存在一个名为 `malloc()` 的函数，用于获取内存。在 Linux 中，这个函数的底层调用了 `mmap()` 函数（图 5-20）。

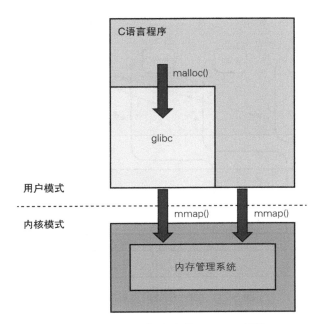

图 5-20　C 语言标准库的 malloc() 函数

　　mmap() 函数是以页为单位获取内存的，而 malloc() 函数是以字节为单位获取内存的。为了以字节为单位获取内存，glibc 事先通过系统调用 mmap() 向内核请求一大块内存区域作为内存池，当程序调用 malloc() 函数时，从内存池中根据申请的内存量划分出相应大小（以字节为单位）的内存并返回给程序（图 5-21）。在内存池中的内存消耗完后，glibc 会再次调用 mmap() 以申请新的内存区域。

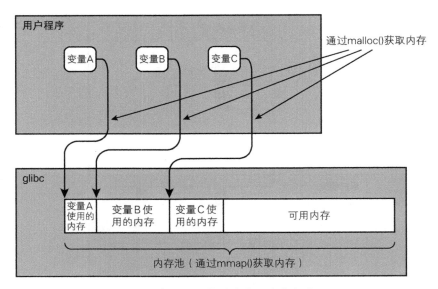

图 5-21　glibc 申请内存形成内存池

　　这是运行在用户模式下的 OS 功能（glibc 的 malloc() 函数）为普通程序提供的一个典型功能。

　　顺便一提，虽然部分程序拥有统计自身占用的内存量的功能，但往往程序汇报的值与 Linux 显示的进程的内存消耗量不同，而后者通常会更大。

　　这是因为，Linux 显示的值包括创建进程时以及调用 mmap() 函数时分配的所有内存，而程序统计的值通常只有通过调用 malloc() 等函数而申请的内存量。如果想知道程序显示的内存消耗量具体统计了哪些数值，可以查看各个程序的说明文档。

　　另外，即使是 Python 这类将内存管理从源代码上隐藏起来的脚本语言，其项目底层依然是通过 C 语言的 malloc() 函数或 mmap() 函数来获取内存的（图 5-22）。

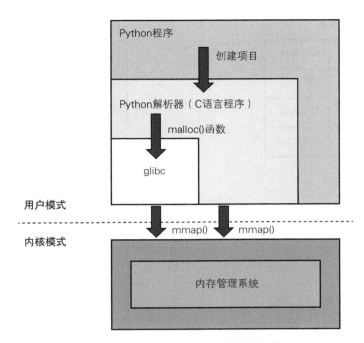

图 5-22 使用 Python 程序获取内存

对此感兴趣的读者可利用 strace 命令追踪 Python 脚本的运行。

5.10 解决问题

虽然我们对虚拟内存进行了大量说明，但是虚拟内存到底是怎样解决前面提到的问题的呢？

● 内存碎片化

如图 5-23 所示，假如能巧妙地设定进程的页表，就能将物理内存上的碎片整合成虚拟地址空间上的一片连续的内存区域。这样一来，碎片化的问题也就解决了。

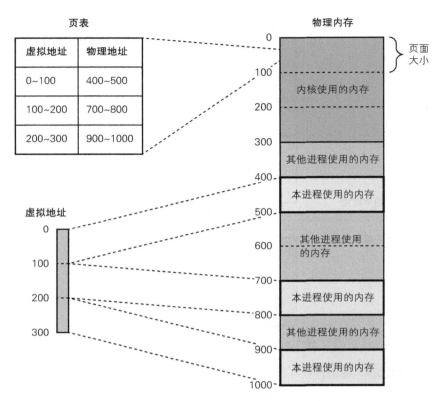

图 5-23 通过虚拟内存解决内存碎片化问题

● 访问用于其他用途的内存区域

虚拟地址空间是每个进程独有的。相应地，页表也是每个进程独有的。如图 5-24 所示，进程 A 和进程 B 各自拥有独立的虚拟地址空间。

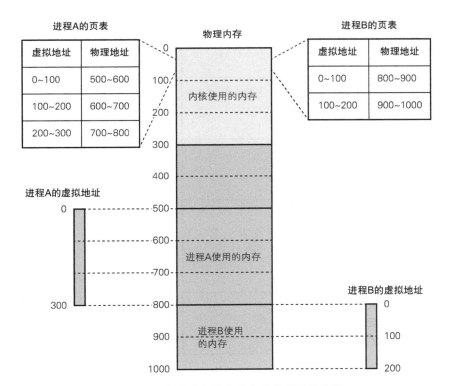

图 5-24 每个进程拥有独立的虚拟地址空间

得益于虚拟内存，进程根本无法访问其他进程的内存（图 5-25）。

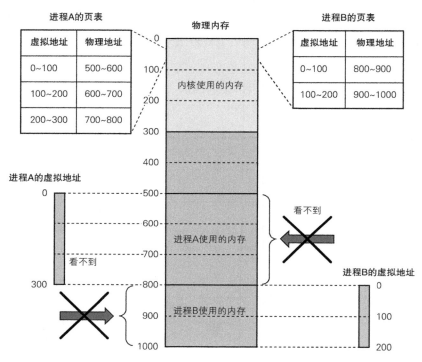

图 5-25　虚拟内存不允许进程访问其他进程的内存空间

　　出于实现上的方便，内核的内存区域被映射到了所有进程的虚拟地址空间中。但是，与内核的内存对应的页表项上都注有"内核模式专用"的信息，表明仅允许在 CPU 运行在内核模式下时访问，因此这部分内存也不可能被运行在用户模式下的进程窥探或损毁（图 5-26）。

　　关于将内核的内存映射到进程的虚拟地址空间中的原因，因为不属于本书的范畴，所以这里不再过多说明。另外，此后的所有图表都将省略掉内核的内存区域的映射。

页表

虚拟地址	物理地址	内核模式专用
0~100	0~100	○
100~200	100~200	○
200~300	200~300	○
300~400	500~600	✕
400~500	600~700	✕
500~600	700~800	✕

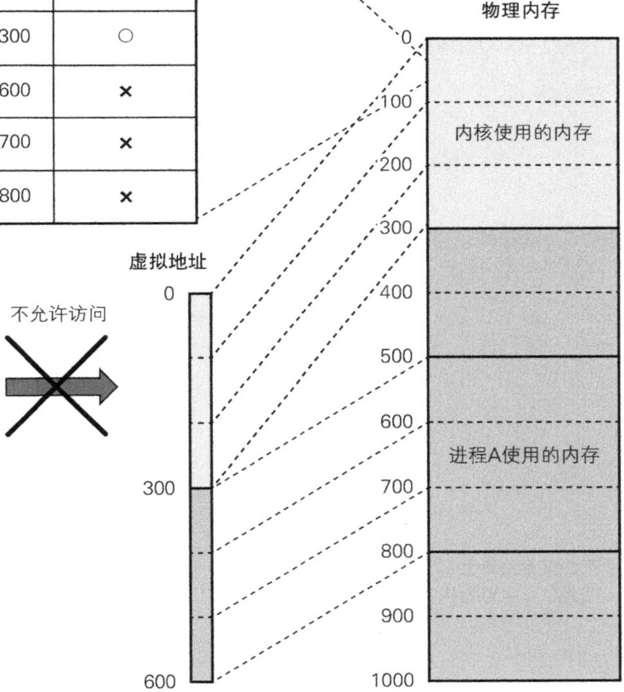

不允许访问

虚拟地址

物理内存

内核使用的内存

进程A使用的内存

图 5-26　只有内核可以访问内核使用的内存

● 难以执行多任务

　　如前所述，每个进程拥有独立的虚拟地址空间。因此，我们可以编写运行于专用地址空间的程序，而不用担心干扰其他程序的运行，同时也不用关心自身的内存在哪个物理地址上（图 5-27）。

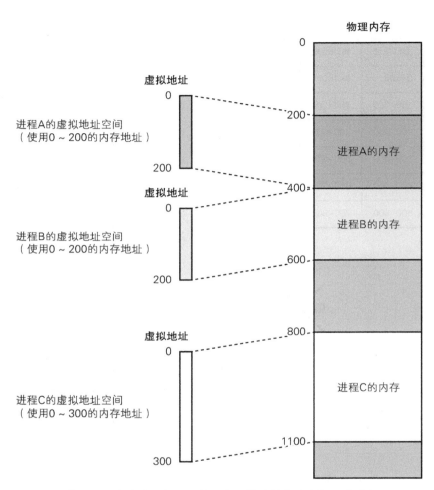

图 5-27 各个进程都无须关心自己被映射在哪个物理地址上

5.11 虚拟内存的应用

至此，我们已经介绍完虚拟内存的基本机制了，下面我们来介绍几个利用了虚拟内存机制的重要功能。

- 文件映射
- 请求分页
- 利用写时复制快速创建进程
- Swap
- 多级页表
- 标准大页

5.12 文件映射

　　进程在访问文件时，通常会在打开文件后使用 read()、write() 以及 lseek() 等系统调用。此外，Linux 还提供了将文件区域映射到虚拟地址空间的功能。

　　按照指定方式调用 mmap() 函数，即可将文件的内容读取到内存中，然后把这个内存区域映射到虚拟地址空间，如图 5-28 所示。

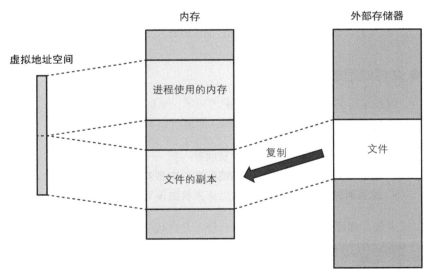

图 5-28　文件映射

这样就可以按照访问内存的方式来访问被映射的文件了。被访问的区域会在规定的时间点写入外部存储器上的文件（图 5-29）。关于这个时间点的内容，我们将在第 6 章说明。

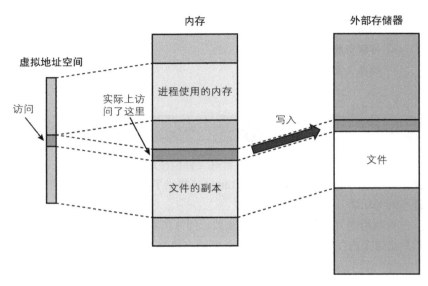

图 5-29 将访问过的区域写入文件中

● 文件映射的实验

现在编写一个使用文件映射功能的程序，来确认是否真的能映射文件，以及能否成功访问文件内容。需要确认的事项如下所示。

- 文件是否被映射到虚拟地址空间？
- 能否通过读取映射的区域来读取文件内容？
- 能否通过向映射的区域写入数据来将数据写入文件？

首先，创建一个名为 testfile 的文件，并向其写入字符串 hello。

```
$ echo hello >testfile
$
```

然后，编写实现下述要求的程序。

① 显示进程的内存映射信息（ /proc/|pid|/maps 的输出 ）。

② 打开 testfile 文件。

③ 通过 `mmap()` 把文件映射到内存空间。

④ 再次显示进程的内存映射信息。

⑤ 读取并输出映射的区域中的数据。

⑥ 改写映射的区域中的数据。

完成后的程序如代码清单 5-3 所示。

代码清单5-3　filemap 程序（ filemap.c ）

```c
#include <sys/types.h>
#include <sys/stat.h>
#include <fcntl.h>
#include <unistd.h>
#include <sys/mman.h>
#include <stdio.h>
#include <stdlib.h>
#include <string.h>
#include <err.h>

#define BUFFER_SIZE    1000
#define ALLOC_SIZE     (100*1024*1024)

static char command[BUFFER_SIZE];
static char file_contents[BUFFER_SIZE];
static char overwrite_data[] = "HELLO";

int main(void)
{
    pid_t pid;

    pid = getpid();
    snprintf(command, BUFFER_SIZE, "cat /proc/%d/maps", pid);

    puts("*** memory map before mapping file ***");
    fflush(stdout);
    system(command);

    int fd;
    fd = open("testfile", O_RDWR);
    if (fd == -1)
        err(EXIT_FAILURE, "open() failed");

    char * file_contents;
    file_contents = mmap(NULL, ALLOC_SIZE, PROT_READ | PROT_
                         WRITE, MAP_SHARED, fd, 0);
    if (file_contents == (void *) -1) {
        warn("mmap() failed");
```

```
        goto close_file;
    }

    puts("");
    printf("*** succeeded to map file: address = %p; size =
           0x%x ***\n", file_contents, ALLOC_SIZE);

    puts("");
    puts("*** memory map after mapping file ***");
    fflush(stdout);
    system(command);

    puts("");
    printf("*** file contents before overwrite mapped region:
           %s", file_contents);

    // 覆写映射的区域
    memcpy(file_contents, overwrite_data, strlen(overwrite_
           data));

    puts("");
    printf("*** overwritten mapped region with: %s\n", file_
           contents);

    if (munmap(file_contents, ALLOC_SIZE) == -1)
        warn("munmap() failed");
close_file:
    if (close(fd) == -1)
        warn("close() failed");
    exit(EXIT_SUCCESS);
}
```

编译并运行这个程序，结果如下。

```
$ cc -o filemap filemap.c
$ ./filemap
*** memory map before mapping file ***
（略）
*** succeeded to map file: address = 0x7fc8cd24d000;      ⏎
                               size = 0x6400000 ***        ←①

*** memory map after mapping file ***
（略）
7fc8cd24d000-7fc8d364d000  rw-s  00000000  00:16  142745640
/home/sat/work/book/st-book-kernel-in-practice /05-memory- ⏎
management/src/testfile                                     ←②
（略）
*** file contents before overwrite mapped region: hello  ←③

*** overwritten mapped region with: HELLO                ←④

$
```

首先，从①所指的内容可知，mmap() 函数成功地把 testfile 文件的数据映射到了地址 0x7fc8cd24d000 上。在成功执行 mmap() 后，内存映射信息中比执行前多出了②所指的信息，该信息表明 testfile 文件成功地映射到了内存上。最后，程序在③那一行输出了更新前的 testfile 文件的内容，在④那一行输出了用于覆写文件内容的数据。

接下来，确认文件内容是否更新成功。

```
$ cat testfile
HELLO
```

看来成功了。通过上面的实验可以看到，即使没有对 testfile 文件使用系统调用 write() 或者 fprintf() 函数，而只是通过 memcpy() 函数把覆写用的数据（overwrite_data 变量）复制到内存映射的区域（file_contents 变量），也同样能更新文件内容。

5.13 请求分页

在上一节，对于创建进程时的内存分配，或者在创建进程后通过 mmap() 系统调用进行的动态内存分配，我们是这样描述它们的流程的。

① 内核直接从物理内存中获取需要的区域。
② 内核设置页表，并关联虚拟地址空间与物理地址空间。

但是，这种分配方式会导致内存的浪费。因为在获取的内存中，有一部分内存在获取后，甚至直到进程运行结束都不会使用，例如：

- 用于大规模程序中的、程序运行时未使用的功能的代码段和数据段
- 由 glibc 保留的内存池中未被用户利用的部分

为了解决这个问题，Linux 利用请求分页机制来为进程分配内存。

在请求分页机制中，对于虚拟地址空间内的各个页面，只有在进程初次访问页面时，才会为这个页面分配物理内存。页面的状态除了前面提到过的"未分配给进程"与"已分配给进程且已分配物理内存"这两种以外，

还存在"已分配给进程但尚未分配物理内存"这种状态。只看文字可能难以理解，接下来，我们通过图来说明一下请求分页的处理流程。

首先，在创建进程时，在其虚拟地址空间中的与代码段和数据段对应的页面上，添加"已为进程分配该区域（页面）"这样的信息[①]，但暂时不会分配物理内存，如图 5-30 所示。图 5-30 中的△表示"已分配给进程但尚未分配物理内存"的状态。

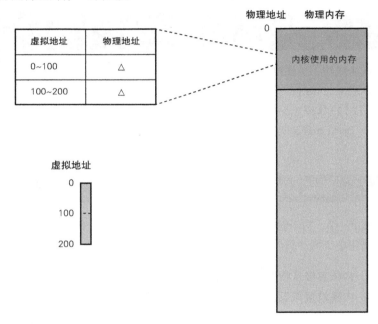

图 5-30　刚创建完进程时（未分配物理内存）

然后，在从入口点开始运行进程时，为入口点所属的页面分配物理内存，如图 5-31 所示。

---

① 　实际上该信息并非保存在页表上，这里为了方便说明而假设它保存在页表上。

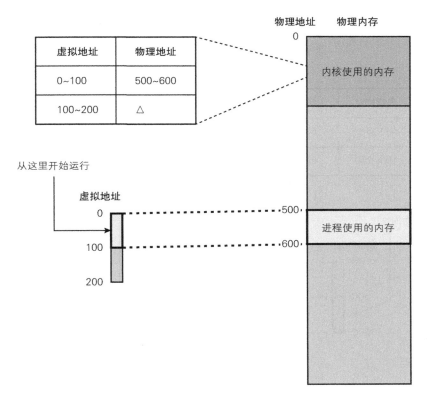

图 5-31 在开始运行时，为入口点所属的页面分配内存

此时的处理流程如下所示。

① 进程访问入口点。
② CPU 参照页表，筛选出入口点所属的页面中哪些虚拟地址未关联物理地址。
③ 在 CPU 中引发缺页中断。
④ 内核中的缺页中断机构为步骤①中访问的页面分配物理内存，并更新其页表。
⑤ 回到用户模式，继续运行进程。

另外，进程并不会感知到自身在运行时曾发生过缺页中断。

此后，每当访问新的区域时，都如上述流程所示，先触发缺页中断，然后分配物理内存，并更新对应的页表（图 5-32）。

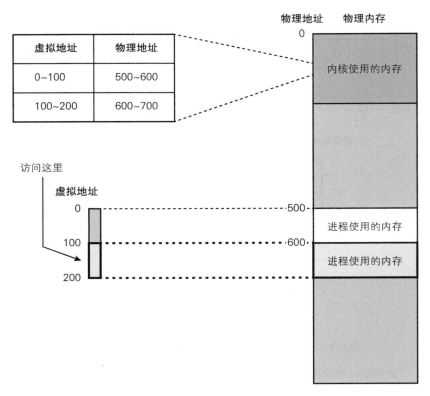

图 5-32　分配物理内存

图 5-33 所示为进程通过 mmap() 函数动态获取内存时的情形。

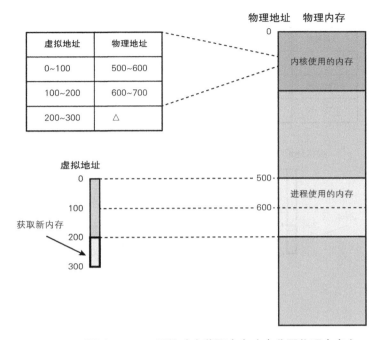

图 5-33　通过 mmap() 函数动态获取内存（未分配物理内存）

在分配成功后，如果对该内存发起访问，进程就会为其分配物理内存，如图 5-34 所示。

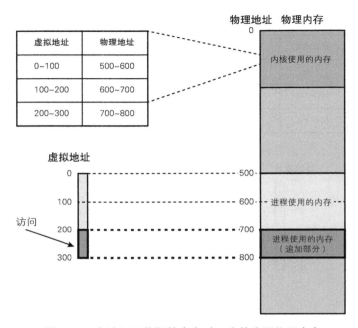

虚拟地址	物理地址
0~100	500~600
100~200	600~700
200~300	700~800

图 5-34 在访问已获取的内存时，为其分配物理内存

我们将"进程通过 mmap() 函数等成功获取内存"表述为"成功获取虚拟内存"，将"访问所获取的虚拟内存并将虚拟内存关联到物理内存"表述为"成功获取物理内存"。

在通过请求分页机制获取内存时，无论 mmap() 函数的调用成功与否，在向内存写入数据时，如果物理内存中已经没有充足的可用内存，就会引发物理内存不足的问题。

● 请求分页的实验

下面，让我们一起来观察一下发生请求分页时的情形。需要确认的事项如下所示。

- 在获取内存后，是否只会增加虚拟内存使用量，而不会增加物理内存使用量？
- 在访问已获取的内存时，物理内存使用量是否会增加，与此同时是否会发生缺页中断？

为了确认这些事项，需要编写实现下述要求的程序。

- 处理流程如下所示
  ① 输出一条信息，用于提示尚未获取内存，随后等待用户按下 Enter 键。
  ② 获取 100 MB 的内存。
  ③ 输出一条信息，用于提示成功获取内存，随后等待用户按下 Enter 键。
  ④ 从头到尾逐页访问已获取的内存，每访问 10 MB 内存，就输出一条信息，用于提示当前访问进度。
  ⑤ 在访问完所有在步骤②中获取的内存后，输出相应的提示信息，随后等待用户按下 Enter 键。
- 在每条信息的开头添加时间戳

完成后的程序如代码清单 5-4 所示。

代码清单5-4　demand-paging程序（demand-paging.c）

```c
#include <unistd.h>
#include <time.h>
#include <stdio.h>
#include <stdlib.h>
#include <string.h>
#include <err.h>

#define BUFFER_SIZE    (100 * 1024 * 1024)
#define NCYCLE         10
#define PAGE_SIZE      4096

int main(void)
{
    char *p;
    time_t t;
    char *s;

    t = time(NULL);
    s = ctime(&t);
    printf("%.*s: before allocation, please press Enter key\n",
            (int)(strlen(s) - 1), s);
    getchar();

    p = malloc(BUFFER_SIZE);
    if (p == NULL)
        err(EXIT_FAILURE, "malloc() failed");
```

```
t = time(NULL);
s = ctime(&t);
printf("%.*s: allocated %dMB, please press Enter key\n",
        (int)(strlen(s) - 1), s, BUFFER_SIZE / (1024 * 1024));
getchar();

int i;
for (i = 0; i < BUFFER_SIZE; i += PAGE_SIZE) {
    p[i] = 0;
    int cycle = i / (BUFFER_SIZE / NCYCLE);
    if (cycle != 0 && i % (BUFFER_SIZE / NCYCLE) == 0) {
        t = time(NULL);
        s = ctime(&t);
        printf("%.*s: touched %dMB\n",
                (int) (strlen(s) - 1), s, i / (1024*1024));
        sleep(1);
    }
}

t = time(NULL);
s = ctime(&t);
printf("%.*s: touched %dMB, please press Enter key\n",
        (int) (strlen(s) - 1), s, BUFFER_SIZE / (1024 * 1024));
getchar();

exit(EXIT_SUCCESS);
}
```

编译并运行这个程序，结果如下。

```
$ cc -o demand-paging demand-paging.c
$ ./demand-paging
Mon Dec 25 22:06:15 2017: before allocation. Please press ⏎
Enter key

Mon Dec 25 22:06:18 2017: allocation 100MB. Please press ⏎
Enter key

Mon Dec 25 22:06:21 2017: touched 10MB
Mon Dec 25 22:06:22 2017: touched 20MB
Mon Dec 25 22:06:23 2017: touched 30MB
Mon Dec 25 22:06:24 2017: touched 40MB
Mon Dec 25 22:06:25 2017: touched 50MB
Mon Dec 25 22:06:26 2017: touched 60MB
Mon Dec 25 22:06:27 2017: touched 70MB
Mon Dec 25 22:06:28 2017: touched 80MB
Mon Dec 25 22:06:29 2017: touched 90MB
Mon Dec 25 22:06:30 2017: touched 100MB. Please press ⏎
Enter key

$
```

　　虽然程序能顺利运行，但只看上面的运行结果是无法得知任何信息的。为了令这个 demand-paging 程序有用武之地，必须在另外一个终端上运行采集系统信息的程序。

　　首先，在一个终端上运行 demand-paging 程序，在另一个终端上通过 sar -r 命令每秒采集一次系统的内存信息。运行程序的终端输出了与刚才同样的内容。

```
$ ./demand-paging
Mon Dec 25 22:07:43 2017: before allocation. Please press ⏎
Enter key

Mon Dec 25 22:07:45 2017: allocation 100MB. Please press ⏎
Enter key

Mon Dec 25 22:07:47 2017: touched 10MB
Mon Dec 25 22:07:48 2017: touched 20MB
Mon Dec 25 22:07:49 2017: touched 30MB
Mon Dec 25 22:07:50 2017: touched 40MB
Mon Dec 25 22:07:51 2017: touched 50MB
Mon Dec 25 22:07:52 2017: touched 60MB
Mon Dec 25 22:07:53 2017: touched 70MB
Mon Dec 25 22:07:54 2017: touched 80MB
Mon Dec 25 22:07:55 2017: touched 90MB
Mon Dec 25 22:07:56 2017: touched 100MB. Please press ⏎
Enter key

$
```

　　另外一个终端输出的内容如下所示。

```
$ sar -r 1
it...
22:07:41 kbmemfree   kbmemused %memused kbbuffers  kbcached ⏎
kbcommit    %commit   kbactive  kbinact   kbdirty
22:07:42 21699640   11242368    34.13      4676   8818284 ⏎
8072548     24.51   8865224   1550120      160
22:07:43 21699888   11242120    34.13      4676   8818280 ⏎
8072548     24.51   8865052   1550120      160  ←获取内存前
22:07:44 21699888   11242120    34.13      4676   8818284 ⏎
8072548     24.51   8865116   1550124      160  ←获取内存后
22:07:45 21698896   11243112    34.13      4676   8818284 ⏎
8072732     24.81   8866228   1550120      160
22:07:46 21699516   11242492    34.13      4676   8818284 ⏎
8072732     24.81   8865360   1550120      160
22:07:47 21688576   11253432    34.16      4676   8818280 ⏎
8072732     24.81   8877448   1550116      160
22:07:48 21677772   11264236    34.19      4676   8818280 ⏎
8072732     24.81   8887760   1550116      160
```

```
22:07:49   21667400   11274608   34.23       4676   8818284 ↵
8072732       24.81    8897840  1550120        160
22:07:50   21657160   11284848   34.26       4676   8818284 ↵
8072732       24.81    8908320  1550120        160
22:07:51   21646796   11295212   34.29       4676   8818316 ↵
8072732       24.81    8918672  1550120        180
22:07:52   21636432   11305576   34.32       4676   8818320 ↵
8072732       24.81    8928956  1550140        188
22:07:53   21626200   11315808   34.35       4676   8818316 ↵
8072020       24.81    8939468  1550132        188
22:07:54   21614996   11327012   34.38       4676   8818320 ↵
8072020       24.81    8950384  1550136        188
22:07:55   21604368   11337046   34.42       4676   8818324 ↵
8072020       24.81    8960768  1550140        188
22:07:56   21596176   11345832   34.44       4676   8818324 ↵
8072020       24.81    8968980  1550140        188
                                    ←到这里为止保持每秒获取 10 MB 内存
22:07:57   21596192   11345816   34.44       4676   8818324 ↵
8072020       24.81    8968504  1550140        192
22:07:58   21698032   11243976   34.13       4676   8818328 ↵
8060456       24.47    8866964  1550140        192
                                              ←进程运行结束
（略）
```

通过对照两个终端输出的内容中的时间戳，比较不同时间点的输出内容，可以得出以下结论。

- 即使已经获取内存区域，在访问这个区域的内存前，系统上的物理内存使用量（`kbmemused` 字段的值）也几乎[①]不会发生改变
- 在开始访问内存后，内存使用量每秒增加 10 MB 左右
- 在访问结束后，内存使用量不再发生变化
- 在进程结束运行后，内存使用量回到开始运行进程前的状态

接下来是同样的做法，在一个终端上运行程序，在另一个终端上通过 `sar -B` 命令每秒观测一次缺页中断的发生情况。

[①] 这里使用"几乎"是因为内存使用量还受系统上正在运行的其他程序或内核的行为的影响。

```
$ sar -B 1
（略）
22:13:05    pgpgin/s    pgpgout/s    fault/s    majflt/s    pgfree/s↵
pgscank/s pgscand/s    pgsteal/s    %vmeff
22:13:06       0.00        0.00        2.00        0.00        33.00↵
0.00          0.00        0.00        0.00
22:13:07       0.00        0.00        1.00        0.00        73.00↵
0.00          0.00        0.00        0.00
22:13:08       0.00        0.00        0.00        0.00        18.00↵
0.00          0.00        0.00        0.00
22:13:09       0.00        0.00      338.00        0.00        35.00↵
0.00          0.00        0.00        0.00              ←开始访问内存
22:13:10       0.00        0.00        5.00        0.00        18.00↵
0.00          0.00        0.00        0.00
22:13:11       0.00        0.00       30.69        0.00       268.32↵
0.00          0.00        0.00        0.00
22:13:12       0.00        0.00       31.00        0.00        60.00↵
0.00          0.00        0.00        0.00
22:13:13       0.00        4.00       35.00        0.00        49.00↵
0.00          0.00        0.00        0.00
22:13:14       0.00        0.00        5.00        0.00        17.00↵
0.00          0.00        0.00        0.00
22:13:16       0.00        0.00       31.00        0.00        62.00↵
0.00          0.00        0.00        0.00
22:13:17       0.00        0.00       31.00        0.00        44.00↵
0.00          0.00        0.00        0.00
22:13:18       0.00        0.00       31.00        0.00        61.00↵
0.00          0.00        0.00        0.00
22:13:19       0.00        0.00      293.00        0.00       119.00↵
0.00          0.00        0.00        0.00              ←内存访问结束
22:13:20       0.00        0.00        0.00        0.00        34.00↵
0.00          0.00        0.00        0.00
（略）
```

可以看到，在进程访问所获取的内存区域这段时间，表示每秒发生的缺页中断次数的 fault/s 字段的值有所增加。

还有一点没在上面的例子中体现出来，那就是即使进程再次访问同一个内存区域，也不会再次引发缺页中断。因为物理内存已经在第一次访问时完成分配。想亲自确认这一点的读者，可以更改源代码尝试一下。

下面，我们先不管系统整体的统计信息，将注意力集中在各个进程的统计信息上。

需要确认的信息为虚拟内存量、已分配的物理内存量，以及在创建进程后发生缺页中断的总次数。这些数值分别通过 ps -eo 命令中的 vsz、rss、maj_flt 以及 min-flt 获取。

执行如代码清单 5-5 所示的脚本，每秒输出一次该命令的值。

代码清单 5-5　vsz-rss 脚本（vsz-rss.sh）

```
#!/bin/bash

while true ; do
    DATE=$(date | tr -d '\n')
    INFO=$(ps -eo pid,comm,vsz,rss,maj_flt,min_flt | grep
        demand-paging | grep -v grep)
    if [ -z "$INFO" ] ; then
        echo "$DATE: target process seems to be finished"
        break
    fi
    echo "${DATE}: ${INFO}"
    sleep 1
done
```

vsz-rss 脚本的运行结果如下所示。各行中位于 demand-paging 字段右侧的 4 个字段分别是虚拟内存量、已分配的物理内存量、硬性页缺失发生次数以及软性页缺失发生次数。

```
$ ./vsz-rss.sh
Mon Dec 25 22:18:27 JST 2017: 11455 demand-paging          4356 ⏎
648       0        82
Mon Dec 25 22:18:28 JST 2017: 11455 demand-paging          4356 ⏎
648       0        82
Mon Dec 25 22:18:29 JST 2017: 11455 demand-paging          4356 ⏎
648       0        82
Mon Dec 25 22:18:30 JST 2017: 11455 demand-paging          106760 ⏎
648       0        83
                                                    ←获取内存
Mon Dec 25 22:18:31 JST 2017: 11455 demand-paging          106760 ⏎
648       0        83
Mon Dec 25 22:18:32 JST 2017: 11455 demand-paging          106760 ⏎
648       0        83
Mon Dec 25 22:18:33 JST 2017: 11455 demand-paging          106760 ⏎
12596     0        352
                                                    ←开始访问内存
Mon Dec 25 22:18:34 JST 2017: 11455 demand-paging          106760 ⏎
22836     0        357
Mon Dec 25 22:18:36 JST 2017: 11455 demand-paging          106760 ⏎
33076     0        362
Mon Dec 25 22:18:37 JST 2017: 11455 demand-paging          106760 ⏎
43316     0        367
Mon Dec 25 22:18:38 JST 2017: 11455 demand-paging          106760 ⏎
53556     0        372
Mon Dec 25 22:18:39 JST 2017: 11455 demand-paging          106760 ⏎
63796     0        377
```

```
Mon Dec 25 22:18:40 JST 2017: 11455 demand-paging    106760 ↵
74036    0    382
Mon Dec 25 22:18:41 JST 2017: 11455 demand-paging    106760 ↵
84276    0    387
Mon Dec 25 22:18:42 JST 2017: 11455 demand-paging    106760 ↵
94516    0    392
Mon Dec 25 22:18:43 JST 2017: 11455 demand-paging    106760 ↵
103628   0    644
                                    ←内存访问结束
Mon Dec 25 22:18:44 JST 2017: 11455 demand-paging    106760 ↵
103628   0    644
Mon Dec 25 22:18:45 JST 2017: target process seems to be ↵
finished
```

通过对照两个终端输出的内容中的时间戳，比较不同时间点的输出内容，可以得出以下结论。

- 在已获取内存但尚未进行访问这段时间内，虚拟内存量比获取前增加了约 100 MB，但物理内存量并没有发生变化
- 在开始访问内存后，物理内存量每秒增加 10 MB 左右，但虚拟内存量没有发生变化
- 在访问结束后，物理内存量比开始访问前多了约 100 MB

通过这一连串的实验，相信大家应该对请求分页机制有了大致的了解。

● 虚拟内存不足与物理内存不足

我们都知道，在进程运行时，如果获取内存失败，进程就会异常终止。但不知大家是否知道，获取内存失败也分为虚拟内存不足与物理内存不足两种情况。

当进程把虚拟地址空间的范围内的虚拟内存全部获取完毕后，就会导致虚拟内存不足。举个例子，在虚拟地址空间的大小只有 500 字节的情况下，图 5-35 中的情况就会引发虚拟内存不足。由于已经使用完了全部虚拟地址空间，所以即使尚有 300 字节的可用物理内存，也会引发虚拟内存不足。

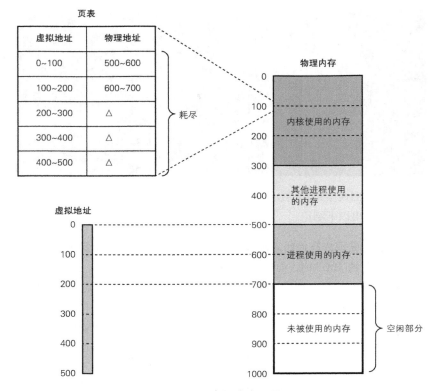

图 5-35 虚拟内存不足

虚拟内存不足与剩余多少物理内存无关。如果不清楚虚拟内存的机制，可能难以想象这到底是一种什么样的情景。

在 x86 架构上，虚拟地址空间仅有 4 GB，因此数据库之类的大型程序经常会引发虚拟内存不足；但是在 x86_64 架构上，由于虚拟地址空间扩充到了 128 TB，所以虚拟内存不足变得非常罕见。但是，随着程序对虚拟内存的需求不断增加，我们可能会再次迎来容易引发虚拟内存不足的一天。

与虚拟内存不足相对的物理内存不足指的是系统上搭载的物理内存被耗尽的状态（图 5-36）。

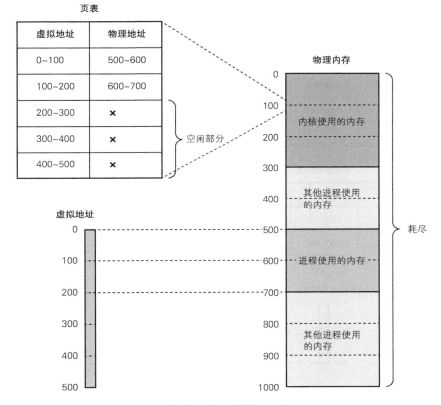

图 5-36　物理内存不足

物理内存不足与进程的虚拟内存剩余多少无关。与虚拟内存不足相比，物理内存不足的情形应该更容易想象。

5.14　写时复制

我们在第 3 章中介绍过用于创建进程的 fork() 系统调用，利用虚拟内存机制，可以提高 fork() 的执行速度。

在发起 fork() 系统调用时，并非把父进程的所有内存数据复制给子进程，而是仅复制父进程的页表。如图 5-37 所示，虽然在父进程和子进程双方的页表项内都存在表示写入权限的字段，但此时双方的写入权限都将失效（即变得无法进行写入）。

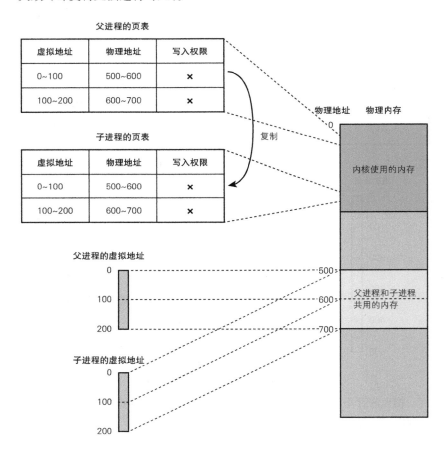

图 5-37 写时复制的运作方式（在调用 fork() 时）

在这之后，假如只进行读取操作，那么父进程和子进程双方都能访问共享的物理页面。但是，当其中一方打算更改任意页面的数据时，则将按照下述流程解除共享。

① 由于没有写入权限，所以在尝试写入时，CPU 将引发缺页中断。

② CPU 转换到内核模式，缺页中断机构开始运行。

③ 对于被访问的页面，缺页中断机构将复制一份放到别的地方，然后将其分配给尝试写入的进程，并根据请求更新其中的内容。

④ 为父进程和子进程双方更新与已解除共享的页面对应的页表项。

- 对于执行写入操作的一方，将其页表项重新连接到新分配的物理页面，并赋予写入权限
- 对于另一方，也只需对其页表项重新赋予写入权限即可

子进程在图 5-37 的状态下向地址 100 进行写入时的情形如图 5-38 所示。

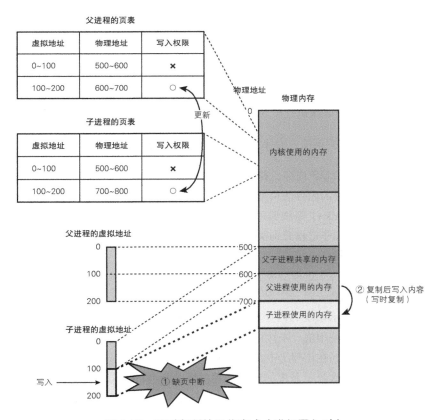

图 5-38　写时复制的运作方式（进行写入时）

在这之后，对于已解除共享关系的页面，父进程和子进程双方都可以自由地进行读写操作。因为物理内存并非在发起 fork() 系统调用时进行复制，而是在尝试写入时才进行复制，所以这个机制被称为**写时复制**（Copy on Write，CoW）。

需要注意的是，在写时复制机制下，即便成功调用 fork()，如果在写入并引发缺页中断的时间点没有充足的物理页面，也同样会出现物理内存不足的情况。

● **写时复制的实验**

接下来，让我们通过实验来观察发生写时复制时的情形。需要确认的事项如下所示。

- 在从调用 fork() 到开始写入的这段时间，内存区域是否被父进程和子进程双方共享？
- 在向内存区域执行写入时，是否会引发缺页中断？

为了确认这些事项，需要编写实现下述要求的程序。

① 获取 100 MB 内存，并访问所有页面。
② 确认系统的内存使用量。
③ 调用 fork() 系统调用。
④ 父进程和子进程分别执行以下处理。
- 父进程
  i. 等待子进程结束运行。
- 子进程
  i. 显示系统的内存使用量以及自身的虚拟内存使用量、物理内存使用量、硬性页缺失发生次数和软性页缺失发生次数。
  ii. 访问在步骤①中获取的内存区域的所有页面。
  iii. 再次显示系统的内存使用量以及自身的虚拟内存使用量、物理内存使用量、硬性页缺失发生次数和软性页缺失发生次数。

完成后的程序如代码清单 5-6 所示。

代码清单5-6 cow程序（cow.c）

```
#include <sys/types.h>
#include <sys/wait.h>
#include <unistd.h>
#include <sys/mman.h>
#include <stdio.h>
#include <stdlib.h>
#include <string.h>
#include <err.h>

#define BUFFER_SIZE    (100 * 1024 * 1024)
#define PAGE_SIZE      4096
#define COMMAND_SIZE   4096

static char *p
static char command[COMMAND_SIZE];

static void child_fn(char *p) {
    printf("*** child ps info before memory access ***:\n");
    fflush(stdout);
    snprintf(command, COMMAND_SIZE,
            "ps -o pid,comm,vsz,rss,min_flt,maj_flt | grep '^
    *%d'", getpid());
    system(command);
    printf("*** free memory info before memory access ***:\n");
    fflush(stdout);
    system("free");

    int i;
    for (i = 0; i < BUFFER_SIZE; i += PAGE_SIZE)
        p[i] = 0;

    printf("*** child ps info after memory access ***:\n");
    fflush(stdout);
    system(command);

    printf("*** free memory info after memory access ***:\n");
    fflush(stdout);
    system("free");

    exit(EXIT_SUCCESS);
}

static void parent_fn(void) {
    wait(NULL);

    exit(EXIT_SUCCESS);
}

int main(void)
{
    char *buf;
    p = malloc(BUFFER_SIZE);
```

```
    if (p == NULL)
        err(EXIT_FAILURE, "malloc() failed");

    int i;
    for (i = 0; i < BUFFER_SIZE; i += PAGE_SIZE)
        p[i] = 0;

    printf("*** free memory info before fork ***:\n");
    fflush(stdout);
    system("free");

    pid_t ret;
    ret = fork();
    if (ret == -1)
        err(EXIT_FAILURE, "fork() failed");

    if (ret == 0)
        child_fn(p);
    else
        parent_fn();

    err(EXIT_FAILURE, "shouldn't reach here");
}
```

编译并运行这个程序，结果如下。

```
$ cc -o cow cow.c
$ ./cow
*** free memory info before fork ***:
              total        used        free      shared  buff/cache   available
Mem:       32942008     1967716    21552784      298152     9421508    30031664
Swap:             0           0           0
*** child ps info before memory access ***:
12716 cow   106764 102484   27   0
*** free memory info before memory access ***:
              total        used        free      shared  buff/cache   available
Mem:       32942008     1968120    21552380      298152     9421508    30031260
Swap:             0           0           0
*** child ps info after memory access ***:
12716 cow   106764 103432  599   0
*** free memory info after memory access ***:
              total        used        free      shared  buff/cache   available
Mem:       30942008     2071324    21449176      298152     9421508    29928056
Swap:             0           0           0
$
```

根据上面的运行结果，我们可以得知以下两点内容。

- 尽管父进程的内存使用量超过了 100 MB，但从调用 fork() 到

子进程开始往内存写入数据的这段时间，内存使用量仅增加了几百 KB

- 在子进程向内存写入数据后，不但发生缺页中断的次数增加了，系统的内存使用量也增加了 100 MB（这代表内存共享已解除）

关于进程的物理内存使用量，还有一点需要大家注意。

对于共享的内存，父进程和子进程双方会重复计算。因此，所有进程的物理内存使用量的总值会比实际使用量要多。

以实验程序为例，在子进程开始写入数据前，父进程和子进程的实际物理内存使用量共为 100 MB 左右，但双方都会认为自己独占了 100 MB 的物理内存。

5.15 Swap

本章开头提到，当物理内存耗尽时，系统就会进入 OOM 状态。但实际上，Linux 提供了针对 OOM 状态的补救措施，即 Swap 这一利用了虚拟内存机制的功能。

通过这个功能，我们可以将外部存储器的一部分容量暂时当作内存使用。具体来说，在系统物理内存不足的情况下，当出现获取物理内存的申请时，物理内存中的一部分页面将被保存到外部存储器中，从而空出充足的可用内存。这里用于保存页面的区域称为**交换分区** [1]（Swap 分区）。交换分区由系统管理员在构建系统时进行设置。

单靠文字说明可能难以理解，接下来我们将利用图进行说明。

假设系统处于物理内存不足的状态下，且这时需要使用更多的物理内存。在图 5-39 中，进程 B 向尚未关联物理内存的虚拟地址 100 发起访问，这引发了缺页中断。

---

[1] 虽然有点复杂，但需要注意的是，在 Windows 系统中，交换分区被称为 "虚拟内存"。

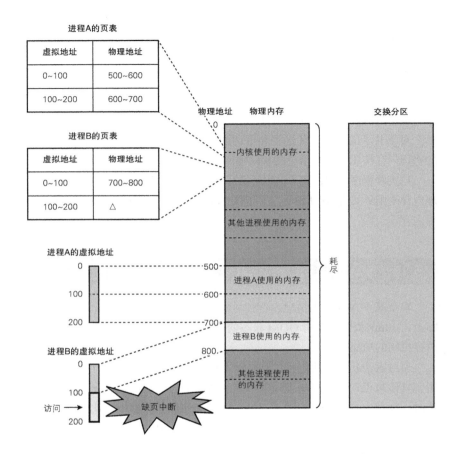

图 5-39　物理内存不足

　　此时，由于已经没有空闲的物理内存了，所以内核会将正在使用的物理内存中的一部分页面保存到交换分区。这个处理称为**换出**。在图 5-40 中，与进程 A 的虚拟地址 100 ~ 200 对应的物理地址 600 ~ 700 的区域会被换出到交换分区。

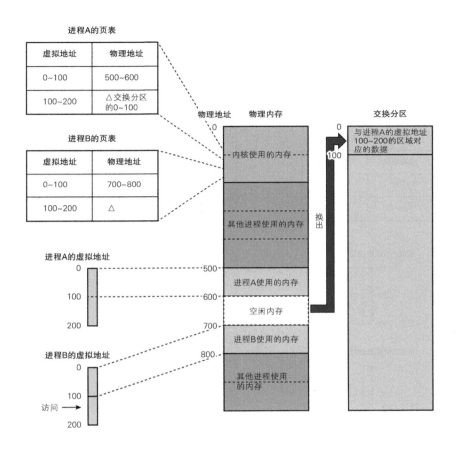

图 5-40　换出

　　虽然在图 5-40 中，被换出的页面在交换分区上的地址信息记录在页表项中，但实际上是记录在内核中专门用于管理交换分区的区域上的。但是，这方面的内容并非本书的重点，因此在本书中就当作记录在页表项上了。

　　怎样决定要换出的区域呢？其实是内核基于预设的算法选出的，一般是短时间内应该用不上的区域。但是，我们并不需要深入了解这部分内容，因此本书不作过多说明。

　　在通过换出处理空出一块可用内存后，内核将这部分内存分配给进程 B，如图 5-41 所示。

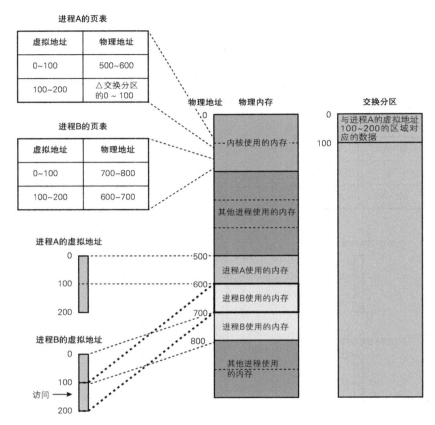

图 5-41　将通过换出处理空出的内存分配给进程 B

假设在经过一段时间后，系统得以空出部分可用内存。在这样的状态下，如果进程 A 对先前保存到交换分区的页面发起访问，就会发生如图 5-42 所示的情况。

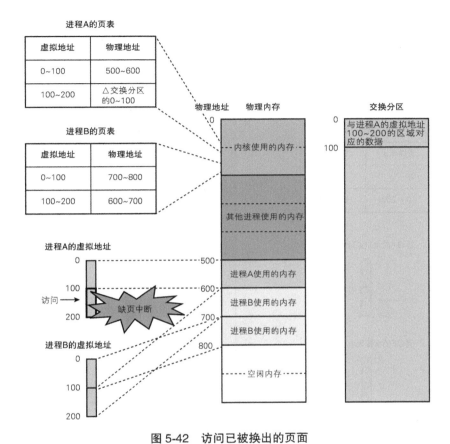

图 5-42　访问已被换出的页面

此时，内核会从交换分区中将先前换出的页面重新拿回到物理内存，这个处理称为**换入**，如图 5-43 所示。

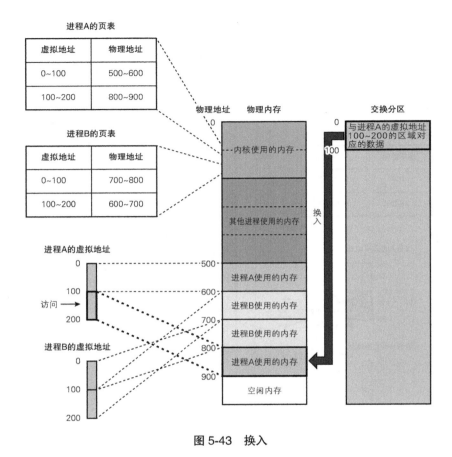

图 5-43　换入

换出与换入这两个处理统称为**交换**。在 Linux 中，由于交换是以页为单位进行的，所以也称为**分页**。同时，换入与换出也分别称为**页面调入**与**页面调出**。

Swap 乍看之下是一个能够使可用内存量扩充为"实际搭载的内存量 + 交换分区的容量"的美好机制，但这里其实存在一个非常大的陷阱。那就是，相比对内存的访问速度，对普通的外部存储器的访问速度慢了几个数量级。

当系统长期处于内存不足时，访问内存的操作将导致页面不断地被换入和换出，从而导致系统陷入**系统抖动**（颠簸）状态。

大家或许经历过这样的情形：在使用笔记本时，明明没有进行读写文件的操作，但外部存储器的访问指示灯却亮着①。这种情形的原因大多在于系统抖动。一旦发生了抖动，系统就会暂时无法响应，然后一直保持那样的状态，最后宕机或者引发 OOM。

如果系统频繁发生交换处理，就必须重新审视一下其设计是否存在问题。会引发系统抖动的系统不应当部署到服务器上。要调整设计，可以考虑降低系统负载以降低系统内存使用量，或者单纯地为系统增添内存等。

● 关于 Swap 的实验

可以通过 swapon --show 命令查看系统交换分区的信息。

```
$ swapon --show
NAME          TYPE          SIZE      USED      PRIO
/dev/sdd7     partition     954M      0B        -1
$
```

在笔者的计算机上，/dev/sdd7 分区被用作交换分区，大小约为 1 GB。交换分区的大小可以通过 free 命令查看。

```
$ free
              total      used        free   shared buff/cache  available
Mem: 32942008 1864144 21640824   298120    9437040   30135580
Swap:  976892        0   976892
$
```

在输出内容中，Swap: 这一行即为交换分区的信息。total 字段下的 976892 为交换分区的大小，单位为 KB。在笔者的计算机中，共有约 32 GB 的物理内存和约 1 GB 的交换分区，所以共有约 33 GB 的可用内存。used 字段的值为 0，这代表执行 free 命令时完全没用上交换分区。

在系统运行期间，定期通过 sar -W 命令确认系统中是否发生了交换处理是一个不错的习惯。

---

① 如果外部存储器使用的是 HDD，计算机还会不停地发出"嘎吱嘎吱"的机器运行的声音。

```
$ sar -W 1
（略）
23:30:00        pswpin/s pswpout/s
23:30:01        0.00        0.00
23:30:02        0.00        0.00
23:30:03        0.00        0.00
（略）
```

其中，`pswpin/s`字段为每秒发生换入的次数，`pswpout/s`字段为每秒发生换出的次数。如果系统性能突然下降，并且这两个字段出现非零的数值，那就要考虑发生系统抖动的可能性了。

在此基础上执行 `sar  -S`命令，则当发生交换处理时，就可以确认该交换处理到底是暂时性的（马上会结束）还是毁灭性的（引发系统抖动）。

```
$ sar -S
（略）
23:28:59   kbswpfree   kbswpused   %swpused   kbswpcad   %swpcad
23:29:00     976892           0       0.00          0      0.00
23:29:01     976892           0       0.00          0      0.00
23:29:02     976892           0       0.00          0      0.00
23:29:03     976892           0       0.00          0      0.00
（略）
```

基本上，只需要通过 `kbswpused`字段的值了解交换分区使用量的变化趋势即可。如果这个值不断增加，就非常危险。

这里补充说明一下前面提起过的硬性页缺失与软性页缺失。

类似于交换这类需要访问外部存储器的缺页中断称为**硬性页缺失**。与此相对，无须访问外部存储器的缺页中断称为**软性页缺失**。虽然无论发生硬性页缺失还是软性页缺失，都需要内核进行处理，进而影响性能，但硬性页缺失所产生的影响要更大。

5.16　多级页表

我们在前面提到过，在进程的页表中保存着表示虚拟地址空间中的页面是否关联着物理内存的数据。下面一起来思考一下如何以最简单的单层结构实现这个页表。

在 x86_64 架构上，虚拟地址空间大小为 128 TB[①]，页面大小为 4 KB，页表项的大小为 8 字节。通过上面的信息可以算出，一个进程的页表就需要占用 256 GB 的内存（= 8 B × 128 TB / 4 KB）。以笔者的计算机为例，由于只有 32 GB 的内存，所以一个进程也无法创建。

为了避免这样的情况，x86_64 架构的页表采用多级结构，而非上面描述的单层结构。这样就能节约大量的内存。

在现实中，x86_64 架构的页表结构非常复杂，因此在比较单层页表与多级页表的不同时，我们将利用比实际结构简单的模型。假设一个页面大小为 100 字节，虚拟地址空间的大小为 1600 字节。

在这种情况下，如果进程仅使用 400 字节的物理内存，那么单层页表如图 5-44 所示。

---

① 最近出现了拥有更大虚拟地址空间的 CPU，并且 Linux 也对其进行了适配。但为了便于说明，本书不考虑这部分 CPU。

物理内存

虚拟地址	物理地址
0~100	300~400
100~200	400~500
200~300	500~600
300~400	600~700
400~500	✕
500~600	✕
600~700	✕
700~800	✕
800~900	✕
900~1000	✕
1000~1100	✕
1100~1200	✕
1200~1300	✕
1300~1400	✕
1400~1500	✕
1500~1600	✕

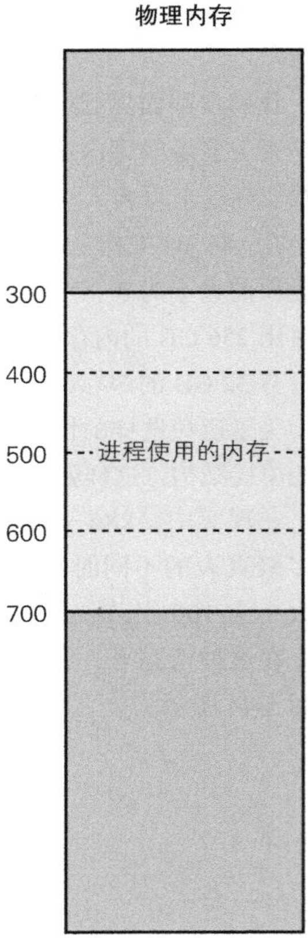

图 5-44 单层页表

假设多级页表为每 4 个页面归为 1 组的 2 级结构，则该页表如图 5-45 所示。

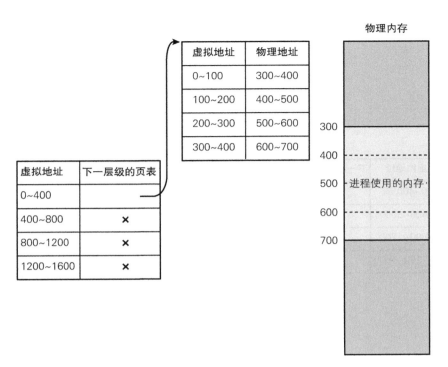

图 5-45 多级页表

可以看到，页表项的数量由 16 个减少到 8 个。但随着虚拟内存使用量增加，页表的使用量也会增加，如图 5-46 所示。

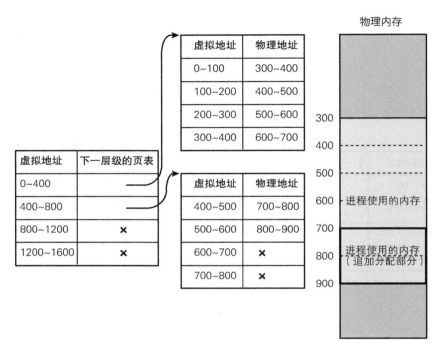

图 5-46　随着虚拟内存使用量增加，页表的内存量也随之增加

当虚拟内存使用量增加到一定程度时，多级页表的内存使用量就会超过单层页表。但这种情况非常罕见，所以从系统整体来看，也是多级页表的内存使用量更少。

另外，x86_64 架构的页表结构还要更加复杂，达到了 4 级。但是，这部分内容超出了本书的范围，因此这里不再介绍。另外，为了作图方便，在不涉及多级页表相关的内容时，本书将像前几章一样，画成单层页表的形式。

我们可以通过 sar -r ALL 命令中的 kbpgtbl 字段查看页表所使用的物理内存量。

```
$ sar -r ALL 1
(略)
23:40:05 kbmemfree kbmemused %memused kbbuffers kbcached ↵
kbcommit   %commit  kbactive   kbinact   kbdirty  kbanonpg ↵
kbslab    kbkstack   kbpgtbl  kbvmused
23:40:06 21614072  11327936    34.39      6084   8897948 ↵
8104164     23.89   8943372   1556624      248   1548816 ↵
560512     14352     53944         0
23:40:07 21613884  11328124    34.39      6084   8897944 ↵
8104164     23.89   8944004   1556620      248   1549572 ↵
560512     14320     54044         0
23:40:08 21613332  11328676    34.39      6084   8897944 ↵
8104164     23.89   8944464   1556620      248   1550056 ↵
560512     14336     54184         0
(略)
```

除了分配过多物理内存给进程之外，"创建太多进程"以及"进程使用太多虚拟内存而导致页表占用的区域增加"等情况都会使系统陷入内存不足。前者可以通过降低进程的并发量，或者减少系统上同时运行的进程数量等方式来缓解，后者则可以通过下面介绍的标准大页来应对。

5.17 标准大页

如上一节所述，随着进程的虚拟内存使用量增加，进程页表使用的物理内存量也会增加。

此时，除了内存使用量增加的问题之外，还存在 fork() 系统调用的执行速度变慢的问题，这是因为 fork() 是通过写时复制创建进程的，这虽然不需要复制物理内存的数据，但是需要为子进程复制一份与父进程同样大小的页表。为了解决这个问题，Linux 提供了**标准大页**机制。

顾名思义，标准大页是比普通的页面更大的页。利用这种页面，能有效减少进程页表所需的内存量。

下面，我们以每页 100 字节，每级 400 字节的 2 级结构的页表（图 5-45）为例来进行说明。该 2 级页表的所有页面都被分配物理内存时的情形如图 5-47 所示。

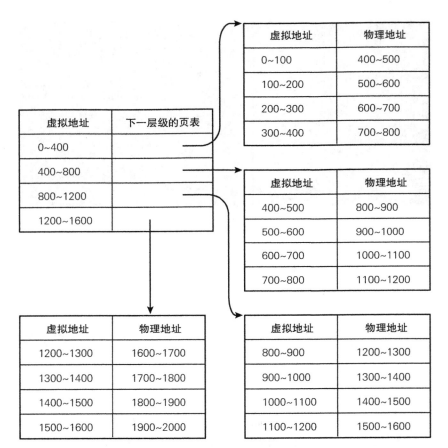

图 5-47 所有页面都被分配物理内存时的情形

把其中的页面置换成大小为 400 字节的标准大页后，页表将减少一个层级，如图 5-48 所示。

虚拟地址	物理地址
0~400	400~800
400~800	800~1200
800~1200	1200~1600
1200~1600	1600~2000

图 5-48 用标准大页置换后的页表

可以看到，页表项的数量由 20 个减少到 4 个。像这样，通过将普通页面置换成标准大页，不但能降低页表的内存使用量，还能提高 `fork()` 系统调用的执行速度。

虽然 x86_64 架构中的标准大页比图 5-48 的结构要复杂得多，但现在并不需要在意这一点。只需要记住标准大页可以令使用大量虚拟内存的进程减少页表的内存开支即可。

● 标准大页的用法

在 C 语言中，通过为 `mmap()` 函数的 `flags` 参数赋予 `MAP_HUGETLB` 标志，可以获取标准大页。但在实际应用中，比起让编写的程序直接获取标准大页，更常用的做法是为现有程序开启允许使用标准大页的设置。

数据库与虚拟机管理器等都是需要使用大量虚拟内存的软件，它们会提供关于标准大页的设置项，请根据实际情况决定使用与否。通过进行设置，能够减少这类软件的内存使用量，同时还能提高 `fork()` 的执行速度。

● 透明大页

Linux 上还存在一个名为**透明大页**的机制。当虚拟地址空间内连续多个 4 KB 的页面符合特定条件时，通过透明大页机制能将它们自动转换成一个大页。

乍看之下这是非常便利的功能，但也存在一些问题，例如将多个页面汇聚成一个大页的处理，以及当不再满足上述条件时将大页重新拆分为多个 4 KB 的页面的处理等，会引起局部性能下降。为此，在搭建系统时，我们有时会禁用透明大页。

通过读取 /sys/kernel/mm/transparent_hugepage/enabled 文件的内容，即可获知系统是否启用了透明大页。在 Ubuntu 16.04 上默认是启用的（always 表示启用）。

```
$ cat /sys/kernel/mm/transparent_hugepage/enabled
[always] madvise never
$
```

如果希望禁用透明大页，只需往该文件写入 never 即可。

```
$ sudo su
# echo never >/sys/kernel/mm/transparent_hugepage/enabled
#
```

顺便一提，当设定为 madvise 时，表示仅对由 madvise() 系统调用设定的内存区域启用透明大页机制。

第6章

存储层次

大家见过图 6-1 这种展示计算机的存储器的层次结构的图吗？

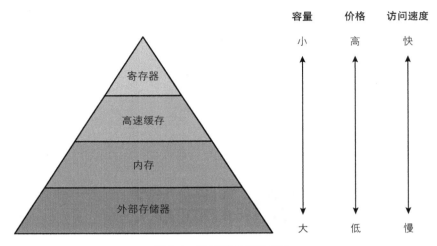

图 6-1 存储器的层次结构

图 6-1 中展示了计算机上的各种存储器。一方面，越靠近顶层，设备的容量越小，单位容量的价格越高；另一方面，越靠近顶层，访问速度就越快。本章将针对这些存储器，讨论以下两点内容。

- 在容量和性能方面，各种存储器存在多大的差距呢？ ①
- 硬件和 Linux 是如何在考虑了这些差距的前提下运行的呢？

6.1 高速缓存

这里再介绍一次计算机的运作流程（省略了从内存读取指令的部分）。

① 根据指令，将数据从内存读取到寄存器。
② 基于寄存器上的数据进行运算。
③ 把运算结果写入内存。

---

① 由于部分存储器的具体价格难以计算，所以本书将不讨论价格方面的内容。

就近期的硬件而言，与在寄存器上执行运算所耗费的平均时间相比，访问内存会消耗更多的时间，产生更长的延迟。以笔者的计算机为例，前者执行一次的时间还不到 1 纳秒，但后者执行一次的时间能达到几十纳秒[①]。对于计算机系统来说，无论流程②的处理速度有多快，流程①和流程③都会成为性能瓶颈，因此整体的处理速度将受限于内存的访问延迟。

而高速缓存的存在，正是为了抹平寄存器与内存之间的性能差距。

从高速缓存到寄存器的访问速度比从内存到寄存器的访问速度快了几倍甚至几十倍，利用这一点，即可提高流程①和流程③的处理速度。高速缓存通常内置于 CPU 内，但也存在位于 CPU 外的类型。

接下来，让我们看一下高速缓存的运作方式。首先需要注意的是，此后叙述的与高速缓存相关的内容皆止步于硬件设备层面，不会涉及内核[②]。

在从内存往寄存器读取数据时，数据先被送往高速缓存，再被送往寄存器。所读取的数据的大小取决于**缓存块大小**（cache line size）的值，该值由各个 CPU 规定。

假设缓存块的大小为 10 字节，高速缓存的容量为 50 字节，并且存在两个长度为 10 字节的寄存器（R0 与 R1）。在这样的运行环境下，把内存地址 300 上的数据读取到 R0 时的情形如图 6-2 所示。

此后，当 CPU 需要再次读取地址 300 上的数据时，比如需要再次把同样的数据读取到 R1 时，将不用从内存读取数据，只需读取已经存在于高速缓存上的数据即可，如图 6-3 所示。

[①] 在不同的硬件上，这两者的速度会存在巨大的差距，因此请重点关注它们的相对差距。

[②] 准确来说，因为需要在预定时间点销毁高速缓存等，所以大部分情况下高速缓存由内核控制，但本书不讨论这部分内容。

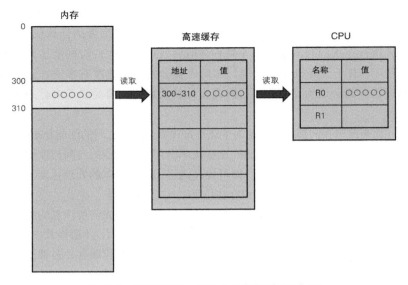

图 6-2　将内存地址 300 上的数据读取到 R0

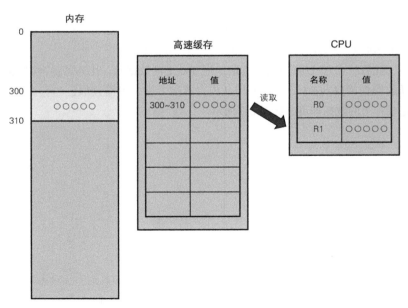

6-3　访问存在于高速缓存上的数据（高速）

当我们改写 R0 上的数据时，会发生什么呢？请看图 6-4。

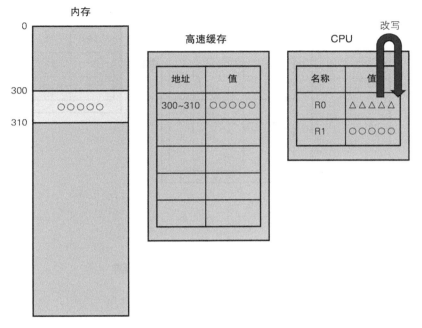

图 6-4　改写 R0 的值

此后，当需要将寄存器上的数据重新写回到地址 300 上时，首先会把改写后的数据写入高速缓存，如图 6-5 所示。此时依然以缓存块大小为单位写入数据。然后，为这些缓存块添加一个标记，以表明这部分从内存读取的数据被改写了。通常我们会称这些被标记的缓存块"脏了"。

这些被标记的数据会在写入高速缓存后的某个指定时间点，通过后台处理写入内存。随之，这些缓存块就不再脏了[1]，如图 6-6 所示。也就是说，只需要访问速度更快的高速缓存，即可完成图 6-5 中的写入操作。

---

[1]　这种模式称为回写（write back）。另外还存在一种名为直写（write through）的模式。在直写模式下，缓存块会在变脏的一瞬间被立刻写入内存，但本书不涉及这种模式的内容。

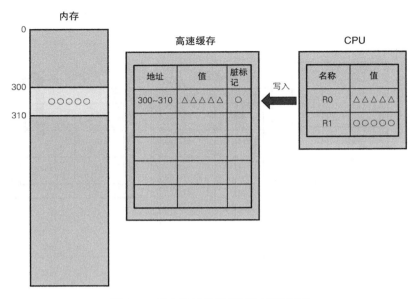

图 6-5　把改写后的数据写入高速缓存

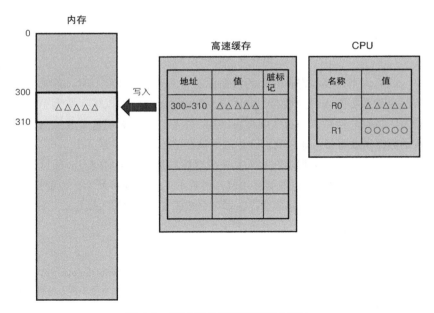

图 6-6　通过后台处理回写到内存中

在进程运行一段时间后，高速缓存中就会充满各种各样的数据，如图6-7所示。

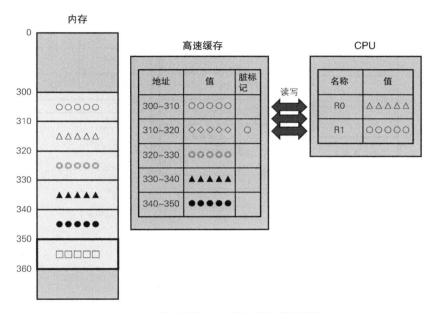

图 6-7　高速缓存中充满各种各样的数据

在这样的状态下，当 CPU 仅访问位于高速缓存上的数据时，访问速度比没有高速缓存时快得多，因为数据访问速度达到了高速缓存的读写速度。

6.2　高速缓存不足时

在高速缓存不足时，如果要读写高速缓存中尚不存在的数据，就要销毁一个现有的缓存块。例如，在图 6-7 的状态下读取地址 350 上的数据时，需要先销毁其中一个缓存块的数据（图 6-8），再把该地址上的数据复制到空出来的缓存块上。

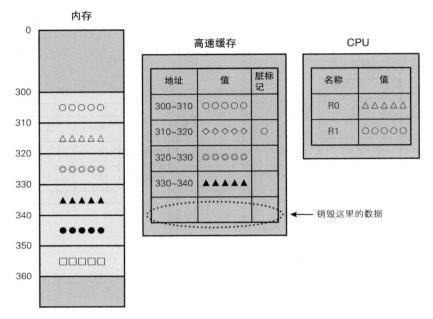

图 6-8　销毁缓存块的数据

把新的数据复制到缓存块上的情形如图 6-9 所示。

当需要销毁的缓存块脏了的时候，数据将在被销毁前被同步到内存中。如果在高速缓存不足，且所有缓存块都脏了的时候向内存发起访问，那么将因高速缓存频繁执行读写处理而发生系统抖动，与此同时性能也会大幅降低。

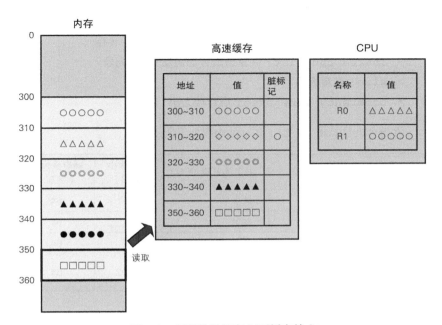

图 6-9 把新的数据复制到缓存块上

6.3 多级缓存

在最近的 x86_64 架构的 CPU 中，高速缓存都采用分层结构。各层级在容量、延迟以及"由哪些逻辑 CPU 共享"等方面各不相同。

构成分层结构的各高速缓存分别名为 L1、L2、L3（L 为 Level 的首字母）。不同规格的 CPU 中的缓存层级数量也不同。在各高速缓存中，最靠近寄存器、容量最小且速度最快的是 L1 缓存。层级的数字越大，离寄存器越远，速度越慢，但容量越大。

高速缓存的信息可从 `/sys/devices/system/cpu/cpu⓪/cache/index⓪/`[①] 这一目录下的文件中查看。

---

① 这是保存 CPU0 的 L1 缓存相关信息的目录。

- `type`：高速缓存中缓存的数据类型。`Data` 代表仅缓存数据，`Code` 代表仅缓存指令，`Unified` 代表两者都能缓存
- `shared_cpu_list`：共享该缓存的逻辑 CPU 列表
- `size`：容量大小
- `coherency_line_size`：缓存块大小

在笔者的计算机上，以上各项的内容如下所示。

文件名	名称	类型	共享的逻辑 CPU	容量大小 （KB）	缓存块大小 （字节）
index0	L1d	数据	不共享	32	64
index1	L1i	指令	不共享	64	64
index2	L2	数据与指令	不共享	512	64
index3	L3	数据与指令	0～3 共享、4～7 共享	8192	64

6.4 关于高速缓存的实验

下面，我们来看一下在高速缓存的影响下，在改变进程访问的数据量后，访问时间会发生什么样的变化。为此，需要编写一个实现下述要求的程序。

① 获取由命令行中的第 1 个参数指定的内存量（单位：KB）。
② 预先设定访问次数，每次访问都对获取的内存区域执行顺序访问。
③ 计算并显示单次访问所需要的时间 [步骤②的时间（单位：纳秒）/步骤②的访问次数]。

完成后的程序如代码清单 6-1 所示。

代码清单 6-1　cache 程序（cache.c）

```c
#include <unistd.h>
#include <sys/mman.h>
#include <time.h>
```

```c
#include <stdio.h>
#include <stdlib.h>
#include <err.h>

#define CACHE_LINE_SIZE  64
#define NLOOP            (4*1024UL*1024*1024)
#define NSECS_PER_SEC    1000000000UL

static inline long diff_nsec(struct timespec before, struct
                             timespec after)
{
    return ((after.tv_sec * NSECS_PER_SEC + after.tv_nsec)
            - (before.tv_sec * NSECS_PER_SEC + before.tv_nsec));
}

int main(int argc, char *argv[])
{
    char *progname;
    progname = argv[0];

    if (argc != 2) {
        fprintf(stderr, "usage: %s <size[KB]>\n", progname);
        exit(EXIT_FAILURE);
    }

    register int size;
    size = atoi(argv[1]) * 1024;
    if (!size) {
        fprintf(stderr, "size should be >= 1: %d\n", size);
        exit(EXIT_FAILURE);
    }

    char *buffer;
    buffer = mmap(NULL, size, PROT_READ | PROT_WRITE, MAP_
                  PRIVATE | MAP_ANONYMOUS, -1, 0);
    if (buffer == (void *) -1)
        err(EXIT_FAILURE, "mmap() failed");

    struct timespec before, after;

    clock_gettime(CLOCK_MONOTONIC, &before);

    int i;
    for (i = 0; i < NLOOP / (size / CACHE_LINE_SIZE); i++) {
        long j;
        for (j = 0; j < size; j += CACHE_LINE_SIZE)
            buffer[j] = 0;
    }

    clock_gettime(CLOCK_MONOTONIC, &after);

    printf("%f\n", (double)diff_nsec(before, after) / NLOOP);
```

```
    if (munmap(buffer, size) == -1)
        err(EXIT_FAILURE, "munmap() failed");

    exit(EXIT_SUCCESS);
}
```

编译这个程序。与以往的例子不同的是，这里将启用最优化选项 -O3。这是因为本程序测试的是非常细微的性能差距，最优化后的程序更容易展现出高速缓存所产生的影响。

```
$ cc -O3 -o cache cache.c
```

在笔者的计算机上，各级高速缓存的容量分别为 64 KB、512 KB、8 MB。因此，从 4 KB 开始，一边成倍地增加作为参数的内存量，一边运行程序，直到 32 MB 为止。

```
$ for i in 4 8 16 32 64 128 256 512 1024 2048 4096 8192 ↵
16384 32768 ; do ./cache $i ; done
0.476930
0.363404
0.302903
0.279884
0.504577
0.502791
0.503517
0.602227
0.726228
0.730371
0.728870
1.898528
5.412608
5.282390
$
```

下面把实验结果绘制成如图 6-10 所示的图表。其中，内存量用 2^x（上标 x 为 x 轴上的值）表示。

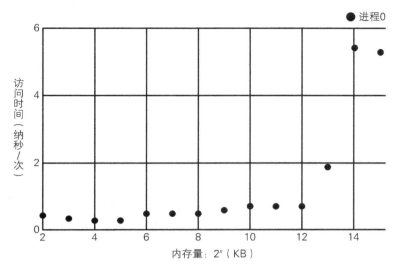

图 6-10 cache 程序的运行结果

在图 6-10 中，中央部分的数据不太直观，因此下面将 y 轴的值变更为 "lg（访问时间）"，如图 6-11 所示。

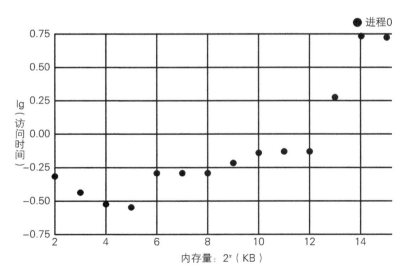

图 6-11 将 y 轴转变为对数轴后，cache 程序的运行结果

可以看到，访问时间大致上以各级高速缓存的容量为边界呈阶梯状变化。推荐大家也在自己的计算机上尝试一下。

在运行时，请大家根据各自计算机上的高速缓存的规格，更改源代码中 CACHE_LINE_SIZE 的值，以及参数的下限值与上限值。另外，如果在性能较低的 CPU 上运行本程序而出现了很久无法运行结束的情况，请适当减小源代码中 NLOOP 的值。

最后补充以下 3 点说明。

- 当内存量为 4 KB 和 16 KB 时，性能比 32 KB 时更好。这是因为测试结果受到了测试程序精度的影响。虽然用汇编语言能编写出精度更高的程序，但为了令源代码易于理解，本书仅采用 C 语言进行编写
- 本程序所测量的值准确来说并非只是单次数据访问的延迟，实际上还包含了其他指令的执行时间，例如为变量 i 执行数值递增处理的指令等。因此，实际的延迟会比测量得到的值更短一点
- 对于本实验来说，重要的并非测量得到的值，而是性能随着所访问的内存量的变化而大幅变化这一现象

6.5 访问局部性

通过前面的讲解可以明白，当进程的数据全部存在于高速缓存上时，数据访问速度将变为内存访问速度的几倍，达到高速缓存的访问速度。但在实际的系统中，是否能达到这么理想的状态呢？答案是，大部分情况下可以。大部分程序具有名为**访问局部性**的特征，具体如下所示。

- **时间局部性**：在某一时间点被访问过的数据，有很大的可能性在不久的将来会再次被访问，例如循环处理中的代码段
- **空间局部性**：在某一时间点访问过某个数据后，有很大的可能性会继续访问其附近的其他数据，例如遍历数组元素

因此，从比较短的时间区间上来看，进程倾向于访问很小范围内的内存，这个范围要远小于进程所获取的内存总量。如果这个范围的大小在高

速缓存的容量以内，就非常完美了。

6.6　总结

一方面，通过将程序的工作量保持在高速缓存容量的范围内，可以大幅提升程序性能。对于重视运行速度的程序来说，要想最大限度地发挥高速缓存的优势，最重要的是花更多心思在数据结构与算法的设计上，以减小单位时间的内存访问范围。

另一方面，在更改系统设定等导致程序性能大幅下降的情况下，有可能是因为高速缓存容不下程序的数据。

6.7　转译后备缓冲区

进程需要通过下述步骤访问虚拟地址上的特定数据。

① 对照物理内存中的页表，把虚拟地址转换为物理地址。
② 访问通过步骤①得到的物理地址。

敏锐的人可能已经发现了，这里能发挥高速缓存优势的只有步骤②。这是因为步骤①依然需要访问物理内存，以读取物理内存中的页表。这样一来，特意准备的高速缓存就浪费了。

为了解决这一问题，在 CPU 上存在一个具有与高速缓存同样的访问速度的区域，名为**转译后备缓冲区**（Translation Lookaside Buffer，TLB），又称为快表或页表缓冲，该区域用于保存虚拟地址与物理地址的转换表。利用这一区域，即可提高步骤①的执行速度。这里虽然不会介绍 TLB 的详细内容，但希望大家至少能记住它的名称以及这里关于它的概述。

6.8　页面缓存

与 CPU 访问内存的速度比起来，访问外部存储器的速度慢了几个数量级。内核中用于填补这一速度差的机构称为**页面缓存**。下面将介绍页面缓存的机制及其注意事项。

页面缓存和高速缓存非常相似。高速缓存是把内存上的数据缓存到高速缓存上，而页面缓存则是将外部存储器上的文件数据缓存到内存上。高速缓存以缓存块为单位处理数据，而页面缓存则以页为单位处理数据。

接下来，让我们看一下页面缓存的具体运作流程。

当进程读取文件的数据时，内核并不会直接把文件数据复制到进程的内存中，而是先把数据复制到位于内核的内存上的页面缓存区域，然后再把这些数据复制到进程的内存中，如图 6-12 所示。需要注意的是，方便起见，本节的图中省略了进程的虚拟地址空间，仅画出了物理内存。

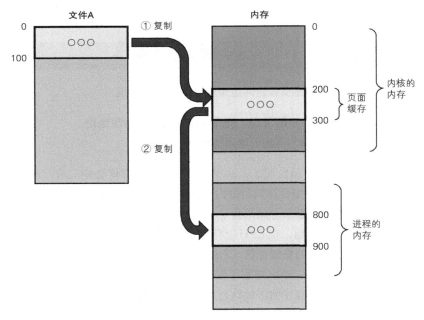

图 6-12　先复制到页面缓存上，然后再复制到进程的内存中

在内核自身的内存中有一个管理区域，该区域中保存着页面缓存所缓存的文件以及这些文件的范围信息等，如图 6-13 所示。

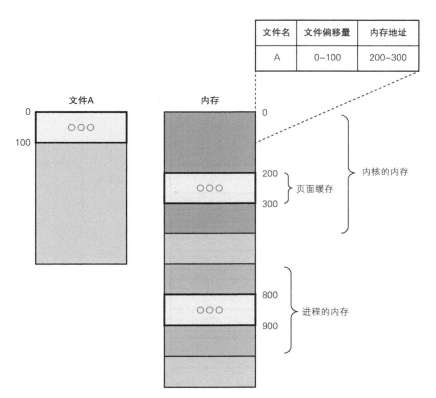

图 6-13　在管理区域中保存着页面缓存所缓存的文件的相关信息

在这之后，如果再次读取已经位于页面缓存的数据，内核将直接返回页面缓存中的数据，如图 6-14 所示。

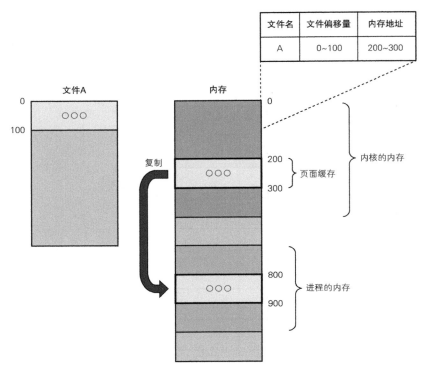

图 6-14　当再次读取同样的数据时，将直接返回页面缓存中的数据

与直接从外部存储器读取相比，从页面缓存读取的速度更快。而且，由于页面缓存是由全部进程共享的资源，所以发起读取的进程也可以不是最初访问该文件数据的进程。

接下来思考一下写入时的情况。

在进程向文件写入数据后，内核会把数据写入页面缓存中，如图 6-15 所示。这时，管理区域中与这部分数据对应的条目会被添加一个标记，以表明"这些是脏数据，其内容比外部存储器中的数据新"。这些被标记的页面称为**脏页**。

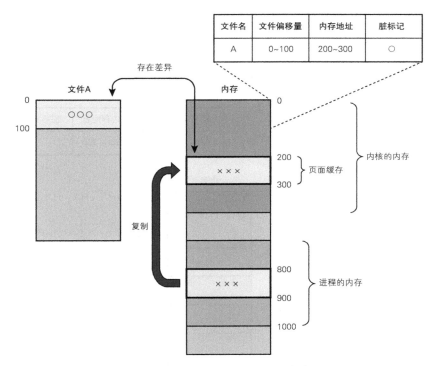

文件名	文件偏移量	内存地址	脏标记
A	0~100	200~300	○

图 6-15　写入操作首先会在页面缓存中执行

　　与读取操作时一样，比起直接写入外部存储器，写入页面缓存的速度更快。

　　之后，脏页中的数据将在指定时间通过内核的后台处理反映到外部存储器上。与此同时，脏标记也会被去除，如图 6-16 所示。

　　如果各个进程想要访问的文件数据都已存在于页面缓存中，那么系统的文件访问速度将能超越外部存储器的访问速度，接近内存的访问速度，因此可以期待系统整体运行速度的提升。

　　需要注意的是，只要系统上还存在可用内存，则每当各个进程访问那些尚未读取到页面缓存中的文件时，页面缓存的大小就会随之增大。

　　而当系统内存不足时，内核将释放页面缓存以空出可用内存。此时，首先丢弃脏页以外的页面。如果还是无法空出足够内存，就对脏页执行回写，然后继续释放页面。当需要释放脏页时，由于需要访问外部存储器，所以恐怕会导致系统性能下降。尤其是当系统上存在大量文件写入操作而导致出现大量脏页时，系统负载往往会变得非常大。内存不足引发大量脏页的回写处理，进而导致系统性能下降的情况非常常见。

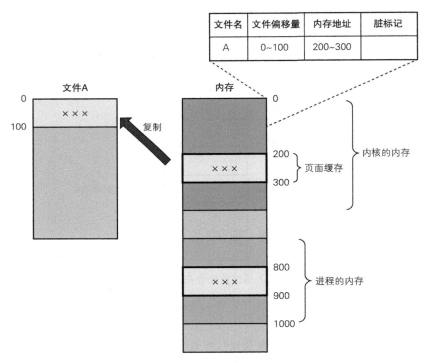

图 6-16　通过后台处理将脏页的数据回写到外部存储器

6.9　同步写入

在页面缓存中还存在脏页的状态下，如果系统出现了强制断电的情况，会发生什么呢？

强制断电将导致页面缓存中的脏页丢失。如果不希望文件访问出现这种情况，请在利用 open() 系统调用打开文件时将 flag 参数设定为 O_SYNC。

这样一来，之后每当对该文件执行 write() 系统调用，都会在往页面缓存写入数据时，将数据同步写入外部存储器。

6.10 缓冲区缓存

缓冲区缓存是与页面缓存相似的机制。这是当跳过文件系统，通过设备文件直接访问外部存储器时使用的区域。关于设备文件的内容，我们将在下一章介绍。大致上，页面缓存与缓冲区缓存可以概括为"用于将外部存储器中的数据放到内存上的机制"。

6.11 读取文件的实验

为了验证页面缓存的效果，接下来将对同一个文件执行两次读取操作，并对比两次处理所消耗的时间。

首先需要创建一个用于实验的文件。这里将创建一个名为 **testfile** 的文件，文件大小为 1 GB。

```
$ dd if=/dev/zero of=testfile oflag=direct bs=1M count=1K
1024+0 records in
1024+0 records out
1073741824 bytes (1.1 GB, 1.0 GiB) copied, 2.74668 s, 391 MB/s
```

这里添加了参数 oflag=direct，表示通过直写的方式写入文件。在本次写入操作中，不会使用页面缓存。也就是说，此时在页面缓存中并不存在 testfile 文件。

接下来开始读取 testfile 文件。在测试前后分别采集一次系统中的页面缓存的使用量信息。

```
$ free
            total      used      free    shared   buff/cache   available
Mem: 32941348   203820 32441740      9664       295788    32272416
Swap:       0        0        0
$ time cat testfile >/dev/null

real  0m2.002s
user  0m0.000s
sys   0m0.468s
$free
            total      used      free    shared   buff/cache   available
Mem: 32941348   205336 31385744      9664      1350268    32244916
Swap:       0        0        0
$
```

可以看到，读取文件大约需要 2 秒。因为这是首次读取，所以本次读取访问的是外部存储器。由于进程本身或响应进程请求的内核使用 CPU 的时间共 0.468 秒，所以可以得知，等待外部存储器的读取操作占用了总体约 3/4 的时间，也就是约 1.54 秒。另外，也可以通过上面的数据得知，执行测试后的页面缓存比测试前增加了约 1 GB。增加的这一部分就是 testfile 文件的页面缓存。

接着执行第 2 次读取操作。在读取后，再次确认页面缓存的使用量信息。

```
$ time cat testfile >/dev/null

real  0m0.100s
user  0m0.000s
sys   0m0.104s
$free
            total      used      free    shared   buff/cache   available
Mem: 32941348   205036 31385760      9664      1350552    32245312
Swap:       0        0        0
```

第 2 次的访问速度约为第 1 次的 20 倍，因为第 2 次只是复制页面缓存中的数据而已，不需要访问外部存储器中的数据。需要注意的是，由于 testfile 文件已经位于页面缓存中，所以系统中的页面缓存总量并不会发生变化。

另外，页面缓存的总量不但能通过 free 命令得到，还能通过 sar -r 命令中的 kbcached 字段获知（单位：KB）。如果需要每隔一定的时间观测一次数据，使用后者更加方便。

```
$ sar -r 1
(略)
08:19:40   kbmemfree   kbmemused   %memused   kbbuffers   kbcached ⏎
kbcommit      %commit    kbactive    kbinact     kbdirty
08:19:41   28892368     4049632      12.29         5980    3117188 ⏎
2127556          6.46     2413616     937524         112
```

在实验结束后，记得删除文件。

```
$ rm testfile
$
```

● 采集统计信息

接下来，我们来确认一下在执行上述操作时系统上的统计信息。这里将采集以下 3 种信息。

- 在从外部存储器往页面缓存读入数据时，总共执行了多少次页面调入？
- 在从页面缓存往外部存储器写入数据时，总共执行了多少次页面调出？
- 外部存储器的 I/O 吞吐量是多少？

简单起见，这里把需要执行的所有操作汇集到如代码清单 6-2 所示的脚本中。

代码清单6-2　read-twice 脚本（read-twice.sh）

```
#!/bin/bash

rm -f testfile

echo "$(date): start file creation"
dd if=/dev/zero of=testfile oflag=direct bs=1M count=1K
echo "$(date): end file creation"

echo "$(date): sleep 3 seconds"
sleep 3

echo "$(date): start 1st read"
cat testfile >/dev/null
```

```
echo "$(date): end 1st read"

echo "$(date): sleep 3 seconds"
sleep 3

echo "$(date): start 2nd read"
cat testfile >/dev/null

echo "$(date): end 2nd read"

rm -f testfile
```

首先采集页面调入与页面调出的相关信息。这部分信息可以通过 sar
-B 命令采集。在开始采集时，一边运行 read-twice.sh 脚本，一边在后台运
行 sar -B 命令。read-twice.sh 脚本的运行结果如下所示。

```
$ ./read-twice.sh
Thu Dec 28 13:04:04 JST 2017: start file creation
1024+0 records in
1024+0 records out
1073741824 bytes (1.1 GB, 1.0 GiB) copied, 2.98329 s, 360MB/s
Thu Dec 28 13:04:07 JST 2017: end file creation
Thu Dec 28 13:04:07 JST 2017: sleep 3 seconds
Thu Dec 28 13:04:10 JST 2017: start 1st read
Thu Dec 28 13:04:12 JST 2017: end 1st read
Thu Dec 28 13:04:12 JST 2017: sleep 3 seconds
Thu Dec 28 13:04:15 JST 2017: start 2nd read
Thu Dec 28 13:04:16 JST 2017: end 2nd read
```

另一个终端上的 sar -B 命令的输出如下所示。

```
$ sar -B 1
（略）
13:03:42   pgpgin/s  pgpgout/s   fault/s  majflt/s  pgfree/s↵
pgscank/s pgscand/s  pgsteal/s    %vmeff
（略）
13:04:02      0.00       0.00      0.00      0.00      2.00↵
  0.00         0.00       0.00      0.00
13:04:03      0.00       0.00      0.00      0.00      2.00↵
  0.00         0.00       0.00      0.00
13:04:04      0.00       0.00      0.00      0.00      2.00↵
  0.00         0.00       0.00      0.00
13:04:05    256.00  206848.00    749.00      0.00    240.00↵
  0.00         0.00       0.00      0.00      ←①
13:04:06   1552.00  372736.00      0.00      0.00      3.00↵
  0.00         0.00       0.00      0.00
13:04:07   1216.00  331776.00      0.00      0.00      1.00↵
  0.00         0.00       0.00      0.00
```

```
13:04:08      416.00  137216.00       363.00          0.00        506.00 ↵
0.00            0.00        0.00          0.00        ←②
13:04:09        0.00        0.00          0.00          0.00          3.00 ↵
0.00            0.00        0.00          0.00
13:04:10        0.00        0.00          0.00          0.00          2.00 ↵
0.00            0.00        0.00          0.00
13:04:11 286208.00         0.00       275.00          0.00        212.00 ↵
0.00            0.00        0.00          0.00        ←③
13:04:12 524288.00         0.00          0.00          0.00        106.00 ↵
0.00            0.00        0.00          0.00
13:04:13 238080.00         0.00       361.00          0.00        288.00 ↵
0.00            0.00        0.00          0.00        ←④
13:04:14   3312.00    24252.00          0.00          0.00        890.00 ↵
0.00            0.00        0.00          0.00
13:04:15      0.00        0.00          0.00          0.00          1.00 ↵
0.00            0.00        0.00          0.00        ←⑤
13:04:16    112.00        0.00       538.00          0.00 263182.00 ↵
0.00            0.00        0.00          0.00        ←⑥
13:04:17      0.00        0.00          0.00          0.00          1.00 ↵
0.00            0.00        0.00          0.00
13:04:18      0.00        0.00          0.00          0.00          2.00 ↵
0.00            0.00        0.00          0.00
（略）
$
```

通过对照两个终端输出的内容中的时间戳，比较不同时间点的输出内容，可以得出以下结论。

- 在创建文件时（①与②），调出的页面总量为 1 GB[①]
- 在初次读取文件时（③与④），调入的页面总量为 1 GB。此时从外部存储器往页面缓存读取了数据
- 在第 2 次读取文件时（⑤与⑥），并没有发生页面调入。页面调入字段的细微变化是由系统上的其他进程引起的

接下来，确认一下外部存储器的 I/O 吞吐量。这次使用的是 sar -d -p 命令。利用该命令，可以显示每个外部存储器的 I/O 相关的信息。首先，需要确认作为写入目标的文件系统的名称，即获取根文件系统所在的外部存储器的名称。

[①]　这里容易令人困惑的是，即便禁用页面缓存，直接往外部存储器写入文件数据，这部分数据流量也会被计入页面调出字段的数值中。

```
$ mount | grep "on / "
/dev/sda5 on / type btrfs (rw,relatime,ssd,space_cache, ↵
subvolid=257,subvol=/@)
$
```

可以看到，在笔者的计算机上，该设备的名称为 /dev/sda5，它代表名为 sda 的外部存储器的第 5 个分区。借助 sar -d -p 命令，我们可以监控 sda 上的数据。下面我们开始进行测试，一边执行 sar -d -p 命令，一边运行 read-twice.sh 脚本，运行结果如下所示。

```
$ ./read-twice.sh
Thu Dec 28 13:22:44 JST 2017: start file creation
1024+0 records in
1024+0 records out
1073741824 bytes (1.1 GB, 1.0 GiB) copied, 2.81054 s, 382MB/s
Thu Dec 28 13:22:47 JST 2017: end file creation
Thu Dec 28 13:22:47 JST 2017: sleep 3 seconds
Thu Dec 28 13:22:50 JST 2017: start 1st read
Thu Dec 28 13:22:52 JST 2017: end 1st read
Thu Dec 28 13:22:52 JST 2017: sleep 3 seconds
Thu Dec 28 13:22:55 JST 2017: start 2nd read
Thu Dec 28 13:22:55 JST 2017: end 2nd read
$
```

在运行该脚本期间，sar -d -p 命令的输出结果如下所示。

```
$ sar -d -p 1
（略）
12:36:35       DEV        tps      rd_sec/s      wr_sec/s      avgrq-sz ↵
avgqu-sz     await      svctm         %util
（略）
13:22:43       sda       0.00        0.00          0.00          0.00 ↵
0.00         0.00       0.00          0.00
（略）
13:22:44       sda     123.00      576.00      215040.00       1752.98 ↵
0.24         1.92       1.85         22.80          ←①
（略）
13:22:45       sda     446.00     1920.00      790528.00       1776.79 ↵
0.82         1.83       1.78         79.00
（略）
13:22:46       sda     456.00     3488.00      710656.00       1566.11 ↵
0.81         1.77       1.67         76.00
（略）
13:22:47       sda     207.00      672.00      380928.00       1843.48 ↵
0.39         1.89       1.86         38.40          ←②
（略）
```

```
13:22:48      sda     0.00        0.00       0.00       0.00 ↵
0.00          0.00    0.00        0.00
（略）
13:22:49      sda     0.00        0.00       0.00       0.00 ↵
0.00          0.00    0.00        0.00
（略）
13:22:50      sda   296.00   534528.00       0.00    1805.84 ↵
6.85         22.72    1.72       50.80       ←③
（略）
13:22:51      sda   577.00  1050624.00       0.00    1820.84 ↵
13.64        23.63    1.73      100.00
（略）
13:22:52      sda   282.00   512000.00       0.00    1815.60 ↵
6.41         23.32    1.72       48.40       ←④
（略）
13:22:53      sda     0.00        0.00       0.00       0.00 ↵
0.00          0.00    0.00        0.00
（略）
13:22:54      sda     0.00        0.00       0.00       0.00 ↵
0.00          0.00    0.00        0.00
（略）
13:22:55      sda     0.00        0.00       0.00       0.00 ↵
0.00          0.00    0.00        0.00       ←⑤
（略）
13:22:56      sda     0.00        0.00       0.00       0.00 ↵
0.00          0.00    0.00        0.00       ←⑥
（略）
13:22:57      sda     0.00        0.00       0.00       0.00 ↵
0.00          0.00    0.00        0.00
（略）
```

在 sar -d -p 命令的输出中，rd_sec/s 和 wr_sec/s 分别代表外部存储器（在这里是 sda）每秒的读取数据量和写入数据量。这两个数值以名为扇区的单元为单位，该单元的大小为 512 字节。

根据上面的输出，可以得出以下结论。

- 在创建文件时（①与②），向外部存储器写入的数据总量为 1 GB
- 在初次读取文件时（③与④），从外部存储器读取的数据总量为 1 GB
- 在第 2 次读取文件时（⑤与⑥），并没有从外部存储器读取数据

顺便一提，%util 指的是在监测周期（在这个例子中为 1 秒）内，访问外部存储器消耗的时间所占的比例。在 sar -P ALL 等命令中也存在具有相似含义的 %iowait，区别在于，这一数值代表 "CPU 处于空闲状态，

且在该 CPU 上存在正在等待 I/O 的进程"的时间占比。不过，`%iowait`
容易造成混淆，是一个没什么用处的数值，大家忽略即可。

6.12　写入文件的实验

　　下面验证一下文件的写入处理，以及在这之后的后台处理。首先，在
禁用页面缓存的直写模式下测试写入文件所需的时间，这一写入方式在文
件读取实验中也用过。

```
$ rm -f testfile
$ time dd if=/dev/zero of=testfile oflag=direct bs=1M count=1K
1024+0 records in
1024+0 records out
1073741824 bytes (1.1 GB, 1.0 GiB) copied, 2.5601 s, 419 MB/s

real    0m2.561s
user    0m0.012s
sys     0m0.492s
$
```

　　接着，测试正常使用页面缓存时写入文件所消耗的时间。

```
$ rm -f testfile
$ time dd if=/dev/zero of=testfile bs=1M count=1K
1024+0 records in
1024+0 records out
1073741824 bytes (1.1 GB, 1.0 GiB) copied, 0.30129 s, 3.6 GB/s

real    0m0.302s
user    0m0.000s
sys     0m0.300s
```

　　可以看到，写入速度接近原来的 9 倍。这就是页面缓存在写入文件时
所能发挥的优势。

● 采集统计信息

　　与读取实验时一样，采集写入期间的统计信息，为此我们使用如代码
清单 6-3 所示的脚本。

代码清单6-3 write.sh 脚本

```
#!/bin/bash

rm -f testfile

echo "$(date): start write (file creation)"
dd if=/dev/zero of=testfile bs=1M count=1K
echo "$(date): end write"

rm -f testfile
```

在执行 sar -B 命令采集统计信息的同时运行 write.sh 脚本，运行结果如下所示。

```
$ ./write.sh
Thu Dec 28 14:11:37 JST 2017: start write (file creation)
1024+0 records in
1024+0 records out
1073741824 bytes (1.1 GB, 1.0 GiB) copied, 0.297712 s, 3.6 GB/s
Thu Dec 28 14:11:37 JST 2017: end write
$
```

此时，sar -B 命令的输出结果如下所示。

```
$ sar -B 1
（略）
14:11:33    pgpgin/s  pgpgout/s  fault/s   majflt/s   pgfree/s↩
pgscank/s pgscand/s pgsteal/s    %vmeff
14:11:34      0.00       0.00     2.00      0.00       1.00 ↩
0.00          0.00       0.00     0.00
14:11:35      0.00       0.00     0.00      0.00       2.00↩
0.00          0.00       0.00     0.00
14:11:36      0.00       0.00     0.00      0.00       1.00↩
0.00          0.00       0.00     0.00
14:11:37      0.00       0.00  1027.00      0.00  263477.00↩
0.00          0.00       0.00     0.00      ←①
14:11:38      0.00       0.00     0.00      0.00       4.00↩
0.00          0.00       0.00     0.00      ←②
（略）
$
```

从测试结果可以得知，在写入期间（①与②），并没有发生页面调出。

然后，我们看一下 I/O 吞吐量的统计信息。在执行 sar -d -p 命令采集统计信息的同时运行 write.sh 脚本，运行结果如下所示。

```
$ ./write.sh
Thu Dec 28 14:17:48 JST 2017: start write (file creation)
1024+0 records in
1024+0 records out
1073741824 bytes (1.1 GB, 1.0 GiB) copied, 0.296854 s, 3.6 GB/s
Thu Dec 28 14:17:48 JST 2017: end write
$
```

在运行该脚本期间，`sar -d -p`命令的输出结果如下所示。

```
$ sar -d -p 1
（略）
14:17:42      DEV        tps     rd_sec/s      wr_sec/s       argrq-sz ↵
avgqu-sz    await     svctm       %util
（略）
14:17:44      sda       0.00        0.00          0.00           0.00 ↵
0.00        0.00      0.00         0.00
（略）
14:17:45      sda       0.00        0.00          0.00           0.00 ↵
0.00        0.00      0.00         0.00
（略）
14:17:46      sda       0.00        0.00          0.00           0.00 ↵
0.00        0.00      0.00         0.00
（略）
14:17:47      sda       0.00        0.00          0.00           0.00 ↵
0.00        0.00      0.00         0.00
（略）
14:17:48      sda       0.00        0.00          0.00           0.00 ↵
0.00        0.00      0.00         0.00     ←①
（略）
14:17:49      sda       1.00        0.00         16.00          16.00 ↵
0.00        0.00      0.00         0.00     ←②
（略）
14:17:50      sda       0.00        0.00          0.00           0.00 ↵
0.00        0.00      0.00         0.00
（略）
$
```

通过上面的信息可以得知，在写入期间，在保存着根文件系统的设备上没有发生 I/O 处理。

6.13 调优参数

Linux 提供了很多用于控制页面缓存的调优参数，这里介绍其中的几个。

在 Linux 中，脏页的回写周期可以通过 sysctl 的 vm.dirty_ writeback_centisecs 参数更改。由于该参数的单位是不太常见的厘秒（1/100 秒），所以我们需要花点时间来习惯。该参数的默认值为 500，表示每 5 秒执行一次回写。

```
$ sysctl vm.dirty_writeback_centisecs
vm.dirty_writeback_centisecs = 500
$
```

如果把该参数的值设置为 0，则周期性的回写操作将被禁用。由于这样做非常危险，所以如非为了做实验，请不要这样设置。

Linux 中也有当系统内存不足时防止产生剧烈的回写负荷的参数。通过 vm.dirty_backgroud_ratio 参数可以指定一个百分比值，当脏页占用的内存量与系统搭载的内存总量的比值超过这一百分比值时，后台就会开始运行回写处理，这个参数的默认值为 10（单位：%）。

```
$ sysctl vm.dirty_background_ratio
vm.dirty_background_ratio = 10
$
```

如果想以字节为单位而非以百分比为单位设置该值，可以使用 vm.dirty_background_bytes 参数。该参数的默认值为 0（0 表示不启用[1]）。

```
$ sysctl vm.dirty_background_bytes
vm.dirty_background_bytes = 0
$
```

当脏页的内存占比超过 vm.dirty_ratio 参数指定的百分比值时，将阻塞进程的写入，直到一定量的脏页完成回写处理。该参数的默认值为 20（单位：%）。

```
$ sysctl vm.dirty_ratio
vm.dirty_ratio = 20
$
```

---

[1]　百分比与字节这两个版本的参数不能同时启用。——译者注

同样，如果想以字节为单位设置该值，可以使用 vm.dirty_bytes 参数。该参数的默认值为 0（0 表示不启用）。

```
$ sysctl vm.dirty_bytes
vm.dirty_bytes = 0
```

通过优化这些参数，能够让系统不至于在内存不足时出现大量的脏页回写处理。

下面介绍的内容与调优参数稍微不同，是清除系统上的（接近全部的）页面缓存的方法。为了清理页面缓存，需要往名为 /proc/sys/vm/drop_caches 的文件中写入 3。

```
# free
            total      used       free   shared  buff/cache   available
Mem: 32941348  241240  31163976     9664     1536132    32203152
                                    ←有接近 1.5 GB 的 buff/cache
Swap:       0        0        0
# echo 3 >/proc/sys/vm/drop_caches
# free
            total      used       free   shared  buff/cache   available
Mem: 32941348  241084  32442940     9664      257324    32253412
                                    ←buff/cache 几乎没了，只剩下约 251 MB
Swap:       0        0        0
#
```

虽然在现实中没什么机会能用上该功能，但这个功能便于我们确认页面缓存对系统性能的影响。顺便一提，不需要在意为什么写入的值是 3，因为这并不重要。

6.14 总结

只要文件上的数据存在于页面缓存中，访问该文件的速度就能快几个数量级。因此，预先评估系统要访问的文件的大小以及物理内存的容量非常重要。

如果在变更设定或者经过一段时间后，系统性能突然大幅下降，那么有可能是因为页面缓存容不下文件的数据。可以通过调整各种 sysctl 参数，来抑制页面缓存回写导致的 I/O 负荷增大。另外，可以通过 sar -B 和 sar -d -p 获取页面缓存相关的统计信息。

6.15 超线程

如前所述，访问内存的延迟比 CPU 运算所消耗的时间长很多。另外，与 CPU 的运算速度相比，访问缓存的速度也稍微要慢一点。因此，在通过 time 命令显示的计入 user 和 sys 的 CPU 使用时间中，大部分浪费在了等待数据从内存或高速缓存传输至 CPU 的过程上，如图 6-17 所示。

印象中的处理

实际的处理

图 6-17　CPU 资源的浪费

top 命令中的 %CPU 或者 sar -P 命令中的 %user 和 %system 等字段显示的 CPU 使用率，同样也包含等待数据传输的时间。通过**超线程**功能，可以有效利用这些浪费在等待上的 CPU 资源[①]。另外，虽然在本书中不会详细说明，但除了数据传输之外，还存在许多浪费 CPU 资源的因素。

在使用超线程功能后，可以为 CPU 核心提供多份（一般为两份）硬件资源（其中包含一部分 CPU 核心使用的硬件资源，例如寄存器等），然后将其划分为多个会被系统识别为逻辑 CPU 的超线程。在符合这些特殊条件时，可以同时运行多个超线程。

但超线程带来的并非只有好处，它能产生多大效果很大程度上取决于运行在超线程上的进程的行为。即使在最理想的情况下，吞吐量也不能翻倍，实际上，能提高 20% 到 30% 已经是非常好的状态了。在某些情况下，吞吐量甚至会下降。

因此，在搭建系统时，有必要实际施加负载，来比较一下超线程启用

---

① 注意，超线程与进程上的线程毫无关系。

时和禁用时的性能区别，再确定是否启用该功能。

● 超线程的实验

　　分别在启用和禁用超线程的情况下，生成超过 2000 万行代码的大型软件——Linux 内核，然后比较一下这两种情况下消耗的时间。内核的生成需要做大量的准备，但受限于篇幅，在此不过多说明。由于本实验难以实施，所以大家参考笔者计算机上的实验结果即可。

● 禁用超线程功能时

　　此时，系统识别出来的逻辑 CPU 有 8 个，每个逻辑 CPU 分别对应一个 CPU 核心。

```
$ sar -P ALL 1 1
（略）
14:39:39     0    0.00    0.00    0.00    0.00    0.00   100.00
14:39:39     1    0.00    0.00    0.00    0.00    0.00   100.00
14:39:39     2    0.00    0.00    0.00    0.00    0.00   100.00
14:39:39     3    0.00    0.00    0.00    0.00    0.00   100.00
14:39:39     4    0.00    0.00    0.00    0.00    0.00   100.00
14:39:39     5    2.00    0.00    0.00    0.00    0.00    98.00
14:39:39     6    0.00    0.00    1.00    0.00    0.00    99.00
14:39:39     7    0.00    0.00    0.00    0.00    0.00   100.00
（略）
```

　　下面确认编译所需的时间。设置编译的并行数为 8，即与 CPU 核心数量相同。由于本实验不需要参考编译过程的日志，所以这里不展示其内容。

```
$ time make -j8 >/dev/null 2>&1

real    1m33.773s
user    9m35.432s
sys     0m57.140s
```

　　可以看到，大约消耗了 93.7 秒。

● 启用超线程功能时

　　首先确认逻辑 CPU 的数量。

```
$ sar -P ALL 1 1
（略）
14:46:23    0    2.00   0.00   0.00   0.00   0.00   98.00
14:46:23    1    1.00   0.00   0.00   0.00   0.00   99.00
14:46:23    2    1.98   0.00   0.00   0.00   0.00   98.02
14:46:23    3    2.00   0.00   0.00   0.00   0.00   98.00
14:46:23    4    1.00   0.00   0.00   0.00   0.00   99.00
14:46:23    5    2.00   0.00   0.00   0.00   0.00   98.00
14:46:23    6    1.96   0.00   0.98   0.00   0.00   97.06
14:46:23    7    2.00   0.00   0.00   0.00   0.00   98.00
14:46:23    8    3.00   0.00   1.00   0.00   0.00   96.00
14:46:23    9    1.01   0.00   0.00   0.00   0.00   98.99
14:46:23   10    2.97   0.00   0.00   0.00   0.00   97.03
14:46:23   11    2.00   0.00   0.00   0.00   0.00   98.00
14:46:23   12    1.98   0.00   0.00   0.00   0.00   98.02
14:46:23   13    1.01   0.00   0.00   0.00   0.00   98.99
14:46:23   14    2.00   0.00   0.00   0.00   0.00   98.00
14:46:23   15    1.01   0.00   0.00   0.00   0.00   98.99
（略）
```

这次识别到 16 个逻辑 CPU。每个逻辑 CPU 代表的不是一个 CPU 核心，而是 CPU 核心中的一个超线程。只要查看一下 /sys/devices/ system/cpu/cpu CPU 号 /topology/thread_siblings_list，就可以确认哪两个超线程是成对的。这里以 CPU0 为例尝试一下。

```
$ cat /sys/devices/system/cpu/cpu0/topology/thread_siblings_list
0-1
$
```

可以看到，逻辑 CPU0 与逻辑 CPU1 为同一个 CPU 核心中的一对超线程。在通过同样的方式确认其他逻辑 CPU 后，可以得知，在笔者的计算机上，2 与 3、4 与 5、6 与 7、8 与 9、10 与 11、12 与 13、14 与 15 这些逻辑 CPU 是成对的。

然后确认编译所需的时间。本次的并行数设置为 16。

```
$ time make -j16 >/dev/null 2>&1

real    1m13.356s
user    15m2.800s
sys     1m18.588s
$
```

　　在启用超线程后，大约需要 73.3 秒，比禁用超线程时快了约 22%。看来在生成内核时，超线程可以发挥其应有的效用。但是，一定不要认为任何时候都能像本实验这样顺利地发挥出超线程的优势。正如之前所说，也存在超线程导致性能下降的情况，因此推荐大家在决定是否启用超线程前，先分别测试一下启用时与禁用时的性能差距，确认到底怎么做更有利于系统运行。

第7章

文件系统

Linux 在访问外部存储器中的数据时，通常不会直接访问，而是通过更加便捷的方式——文件系统来进行访问。

也许有人认为在计算机系统上存在文件系统是理所当然的，但可能也有人理解不了文件系统存在的意义。因此，这里我们先考虑一下没有文件系统时的情形，然后以此来解释文件系统的重要性。

外部存储器的功能，说白了就只是"将规定大小的数据写入外部存储器中指定的地址上"而已。假设存在一个容量为 100 GB 的外部存储器，然后将 10 GB 大小的内存区域写入 50 GB 的地址上，如图 7-1 所示。

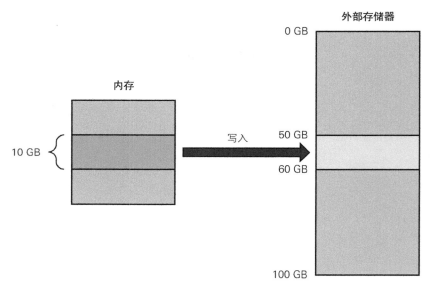

图 7-1　外部存储器的功能

假设大家使用 LibreOffice 之类的办公套件编写了文档，需要把内存中的文档数据保存到外部存储器。此时，如果没有文件系统，就不得不像前面那样自己发出"把 10 GB 大小的数据 [①] 写入 50 GB 的地址上"的写入请求。

在成功保存数据后，还需要亲自记住数据保存的地址、大小以及这

---

① 通常不会存在 10 GB 大小的文档数据，这里只是举个例子，大家无须在意这些细节。

份数据的用处，不然下一次就无法读取这份数据了。下面再思考一下需要保存多份数据时的场景。这时，不但要亲自记录所有数据的相关信息，还需要自己管理可用区域，以便掌握设备上的空余容量与空余位置，如图 7-2 所示。

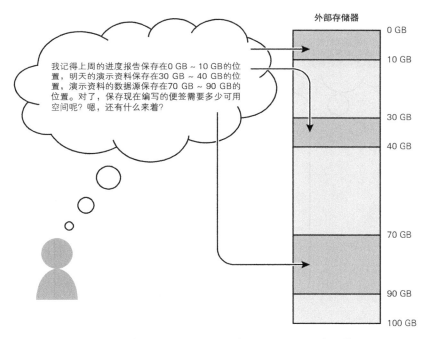

图 7-2　必须管理好所有数据的保存地址以及数据大小等信息

　　而使用管理着数据保存信息和可用区域等的**文件系统**，即可避免这些繁杂的处理。

　　文件系统以文件为单位管理所有对用户有实际意义的数据块，并为这些数据块添加上名称、位置和大小等辅助信息。它还规范了数据结构，以确定什么文件应该保存到什么位置，内核中的文件系统将依据该规范处理数据。多亏了文件系统的存在，用户不再需要记住所有数据在外部存储器中的位置与大小等繁杂的信息，只需要记住数据（即文件）的名称即可。

　　图 7-3 展示了一个非常简单的文件系统，其规格如下所示。

- 文件清单从 0 GB 的位置开始记录
- 记录每个文件的名称、位置和大小这 3 条信息

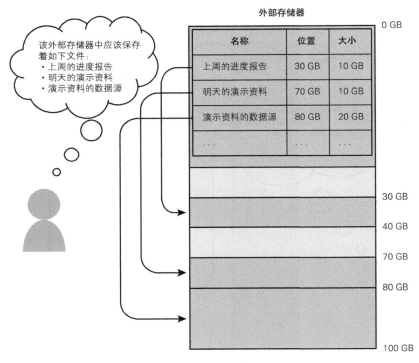

图 7-3 一个简单的文件系统

用户（准确来说是用户使用的进程）只需要通过读取文件的系统调用，指定文件名、文件的偏移量以及文件大小，负责操作文件系统的处理即可找到相关数据并转交给用户，如图 7-4 所示。

大家感觉如何？通过这个不限制文件大小的非常简单的文件系统，希望大家可以了解到文件系统的数据结构的基础知识。

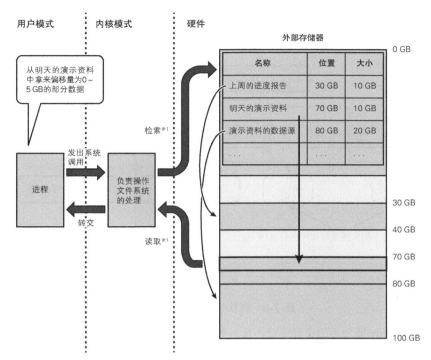

※1： 实际上，在文件系统与外部存储器之间还存在一个设备驱动程序，
　　　但这里为了简便而省掉了。

图 7-4 只需提供文件名、文件的偏移量以及文件大小，即可读取符合条件的
**　　　　数据**

7.1 Linux 的文件系统

　　为了分门别类地整理文件，Linux 的文件系统提供了一种可以收纳其他文件的特殊文件，这种文件称为**目录**。我们不仅能把文件放到目录中，甚至还能把别的目录放到目录中。不同目录下的多个文件可以取相同的名称。目录的存在使得 Linux 的文件系统呈现树状结构，如图 7-5 所示。

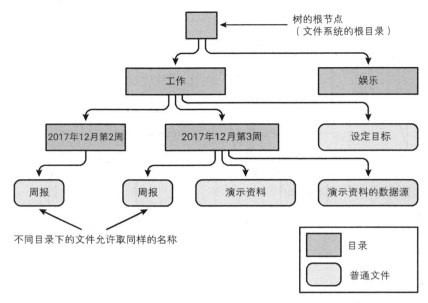

图 7-5 树状结构的文件系统

Linux 能使用的文件系统不止一种，ext4、XFS、Btrfs 等不同的文件系统可以共存于 Linux 上。这些文件系统在外部存储器中的数据结构以及用于处理数据的程序各不相同。各种文件系统所支持的文件大小、文件系统本身的大小以及各种文件操作（创建、删除与读写文件等）的速度也不相同。

但是，不管使用哪种文件系统，面向用户的访问接口都统一为下面这些系统调用。

- 创建与删除文件：`create()`、`unlink()`
- 打开与关闭文件：`open()`、`close()`
- 从已打开的文件中读取数据：`read()`
- 往已打开的文件中写入数据：`write()`
- 将已打开的文件移动到指定位置：`lseek()`
- 除了以上这些操作以外的依赖于文件系统的特殊处理：`ioctl()`

在请求这些系统调用时，将按照下列流程读取文件中的数据。

① 执行内核中的全部文件系统通用的处理，并判断作为操作对象的文件保存在哪个文件系统上。
② 调用文件系统专有的处理，并执行与请求的系统调用对应的处理。
③ 在读写数据时，调用设备驱动程序执行操作。
④ 由设备驱动程序执行数据的读写操作。

以上流程如图 7-6 所示。

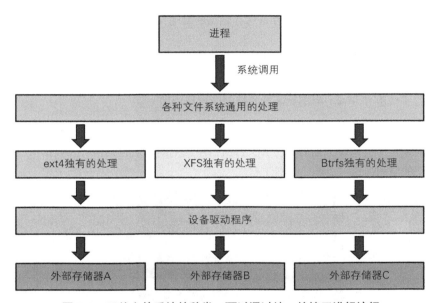

图 7-6 无关文件系统的种类，可以通过统一的接口进行访问

与前几章中的例子一样，不管是使用哪种编程语言编写的程序，在操作文件时，程序底层请求的都是上面列出的这些系统调用。

7.2 数据与元数据

文件系统上存在两种数据类型，分别是**数据**与**元数据**。

- **数据**：用户创建的文档、图片、视频和程序等数据内容
- **元数据**：文件的名称、文件在外部存储器中的位置和文件大小等辅助信息

另外，元数据分为以下几种。

- **种类**：用于判断文件是保存数据的普通文件，还是目录或其他类型的文件的信息 ①
- **时间信息**：包括文件的创建时间、最后一次访问的时间，以及最后一次修改的时间
- **权限信息**：表明该文件允许哪些用户访问

顺便一提，通过 df 命令得到的文件系统所用的存储空间 ②，不但包括大家在文件系统上创建的所有文件所占用的空间，还包括所有元数据所占用的空间，这一点需要特别注意。

```
$ df
Filesystem          1K-blocks        Used Available Use% Mounted on
...
/dev/sdc1           95990964        61104 91030668   1% /mnt
$ sudo su
# cd /mnt
# for ((i=0;i<100000;i++)) ; do mkdir $i ; done
                              ←创建目录（目录的数据类型为元数据）
# df
Filesystem          1K-blocks        Used Available Use% Mounted on
...
/dev/sdc1           95990964       463180 90628592   1% /mnt
```

可以看到，整体来说已用空间非常小，在创建大量小文件的系统上，与文件的总占用量相比，原来那部分存储空间使用量意料之外的小。这种情况通常是因为元数据占用的存储空间变大了。

---

① 关于文件有哪些种类，我们将在后文详细说明。

② 在 Btrfs 中，df 命令并不会返回正确的结果，需要使用 btrfs filesystem df 命令。

7.3 容量限制

当系统被同时用于多种用途时，假如针对某一用途不限制文件系统的容量，就有可能导致其他用途所需的存储容量不足。特别是在 root 权限下运行的进程，当系统管理相关的处理所需的容量不足时，系统将无法正常运行，如图 7-7 所示。

图 7-7　当文件系统容量不足时，系统无法正常运行

为了避免这样的情况出现，可以通过**磁盘配额**（quota）功能来限制各种用途的文件系统的容量，如图 7-8 所示。

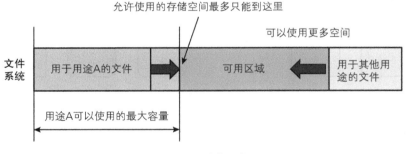

图 7-8　磁盘配额

磁盘配额有以下几种类型。

- **用户配额**：限制作为文件所有者的用户的可用容量。例如防止某个用户用光 /home 目录的存储空间。ext4 与 XFS 上可以设置用户配额

- **目录配额**：限制特定目录的可用容量。例如限制项目成员共用的项目目录的可用容量。ext4 与 XFS 上可以设置目录配额

- 子卷配额：限制文件系统内名为子卷的单元的可用容量。大致上与目录配额的使用方式相同。Btrfs 上可以设置子卷配额

7.4 文件系统不一致

只要使用系统，那么文件系统的内容就可能不一致。比如，在对外部存储器读写文件系统的数据时被强制切断电源的情况，就是一个典型的例子。

接下来，我们看一下文件系统不一致具体是什么样的状态。下面以移动一个目录到别的目录下的情景为例来说明（图 7-9）。

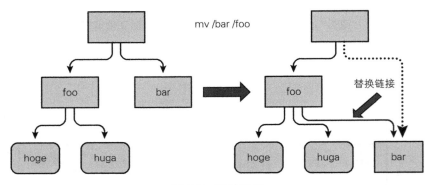

图 7-9　移动目录

这一处理的具体流程如图 7-10 所示。

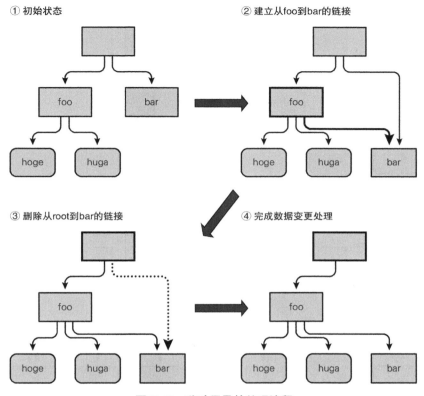

图 7-10　移动目录的处理流程

　　这一连串的操作是不可分割的，称为**原子操作**。这里，由于对外部存储器的读写操作一次只能执行一步，所以如果在第一次写入操作（foo 文件的数据更新）完成后、第二次写入操作（root 的数据更新）开始前中断处理，文件系统就会变成不一致的状态，如图 7-11 所示。

　　只要发生过这种不一致的状况，迟早会被文件系统检查出来。如果在挂载时检测到不一致，就会导致文件系统无法被挂载；如果在访问过程中检测到不一致，则可能会以只读模式重新挂载该文件系统，在最坏的情况下甚至可能导致系统出错。

　　目前，防止文件系统不一致的技术有很多，常用的是**日志**（journaling）与**写时复制**。ext4 与 XFS 利用的是日志，而 Btrfs 利用的是写时复制。

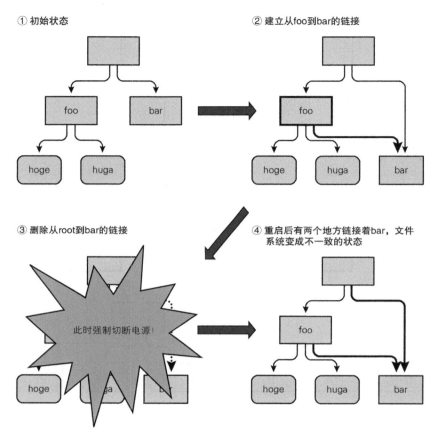

图 7-11 文件系统不一致

接下来将逐一说明这两种技术。

7.5 日志

日志功能在文件系统中提供了一个名为**日志区域**的特殊区域。日志区域是用户无法识别的元数据。文件系统的更新按照以下步骤进行。

① 把更新所需的原子操作的概要暂时写入日志区域，这里的"概要"就称为日志。

② 基于日志区域中的内容，进行文件系统的更新。

上述步骤如图 7-12 所示。

① 初始状态 ② 将必要操作写入日志区域（前半部分）

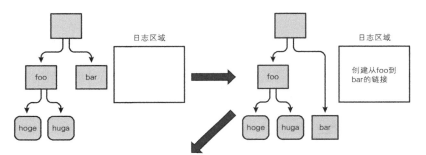

③ 将必要操作写入日志区域（后半部分） ④ 基于日志区域的内容更新数据（前半部分）

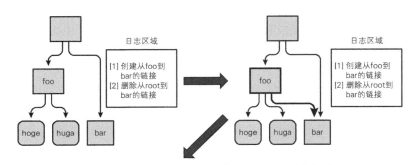

⑤ 基于日志区域的内容更新数据（后半部分） ⑥ 丢弃日志区域后完成更新处理

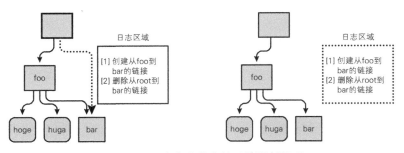

图 7-12 日志方式的文件系统更新处理

一方面，如果在更新日志记录的过程中（图 7-12 中的步骤②）被强制切断电源，就只需丢弃日志区域的数据即可，数据本身依旧是开始处理前的状态，如图 7-13 所示。

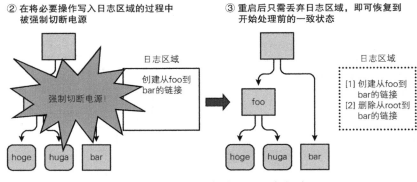

图 7-13　利用日志防止不一致（1）

另一方面，如果在实际执行数据更新的过程中（图 7-12 中的步骤④）被强制切断电源，那么只需按照日志记录从头开始执行一遍操作，即可完成文件系统的处理，如图 7-14 所示。

在这两种情况下，都能避免文件系统出现不一致的情况，且能恢复到处理前的状态，或者正常执行处理后的状态。

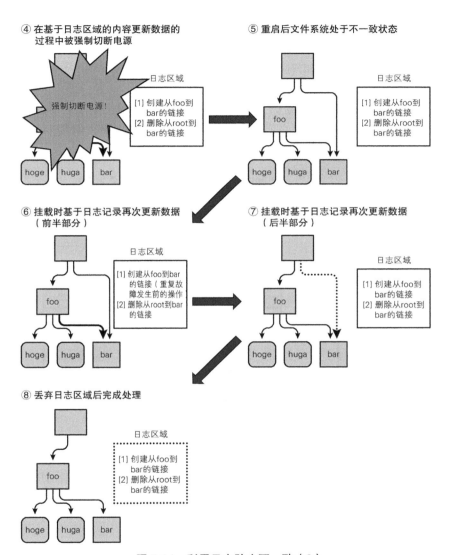

④ 在基于日志区域的内容更新数据的过程中被强制切断电源

强制切断电源！

日志区域

[1] 创建从foo到bar的链接
[2] 删除从root到bar的链接

hoge huga bar

⑤ 重启后文件系统处于不一致状态

日志区域

[1] 创建从foo到bar的链接
[2] 删除从root到bar的链接

foo

hoge huga bar

⑥ 挂载时基于日志记录再次更新数据（前半部分）

日志区域

[1] 创建从foo到bar的链接（重复故障发生前的操作）
[2] 删除从root到bar的链接

foo

hoge huga bar

⑦ 挂载时基于日志记录再次更新数据（后半部分）

日志区域

[1] 创建从foo到bar的链接
[2] 删除从root到bar的链接

foo

hoge huga bar

⑧ 丢弃日志区域后完成处理

日志区域

[1] 创建从foo到bar的链接
[2] 删除从root到bar的链接

foo

hoge huga bar

图 7-14　利用日志防止不一致（2）

7.6 写时复制

在介绍写时复制如何防止发生不一致之前，首先需要介绍一下文件系统是如何收纳数据的。

在 ext4 和 XFS 等传统的文件系统上，文件一旦被创建，其位置原则上就不会再改变了。即便在更新文件内容时，也只会在外部存储器的同一位置写入新的数据，如图 7-15 所示。

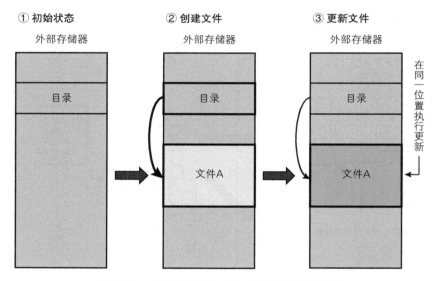

图 7-15　非写时复制方式的文件系统更新处理

与此相对，在 Btrfs 等利用写时复制的文件系统上，创建文件后的每一次更新处理都会把数据写入不同的位置①，如图 7-16 所示。

---

① 　在图 7-16 中，为了便于说明，我们更新了整个文件，但实际上只有更新后的数据会被复制到别的位置。

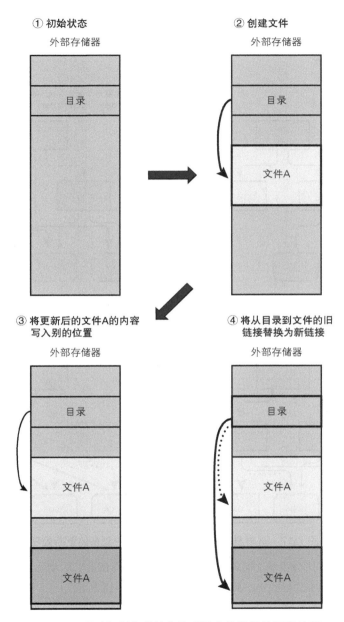

图 7-16 写时复制方式的文件系统中的简单的更新处理

图 7-16 所示为更新单个文件时的情况，在执行作为原子操作的多个处理时，也同样是先把更新后的数据写入别的位置，然后替换旧的链接，如图 7-17 所示。

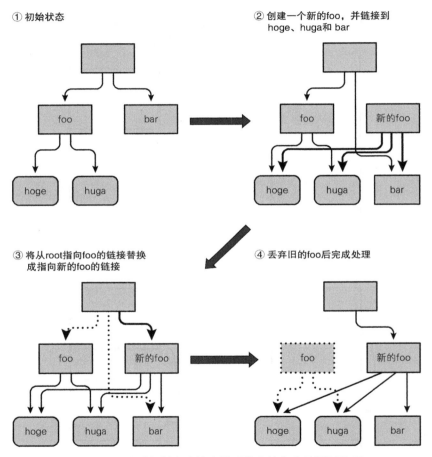

① 初始状态

② 创建一个新的foo，并链接到hoge、huga和 bar

③ 将从root指向foo的链接替换成指向新的foo的链接

④ 丢弃旧的foo后完成处理

图 7-17　写时复制方式的文件系统中的复杂的更新处理

即使在执行步骤②时被强制切断电源，只要在重启后删除未处理完的数据，也就不会导致不一致的情况出现，如图 7-18 所示。

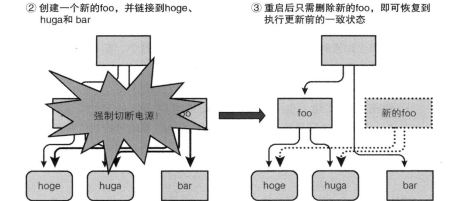

图 7-18 利用写时复制防止不一致

7.7 防止不了的情况

借助前面介绍的机制，近几年已经很少发生文件系统不一致的情况了，但是由文件系统的 Bug 导致的不一致问题依旧偶尔会发生。

7.8 文件系统不一致的对策

万一文件系统上出现了不一致的情况，要怎样应对呢？

一般的做法是定期备份文件系统，当发生文件系统不一致时，可以直接还原到最近备份的状态。

如果平常出于某些原因没有执行定期备份，可以利用各文件系统提供的恢复命令。

各文件系统提供的恢复命令都不一样，但是所有文件系统都会提供一个通用的 fsck 命令（在 ext4 上为 fsck.ext4，在 XFS 上为 xfs_repair，在 Btrfs 上为 btrfs check）。该命令有可能将文件系统还原到一致的状态。但笔者不太推荐使用 fsck，原因如下。

- 该命令会遍历整个文件系统,以检查文件系统的一致性,并修复不一致的地方,因此随着文件系统使用量的增加,运行时间也会不断增加。如果对一个非常大的文件系统执行该命令,将可能耗费几个小时甚至几天时间
- 耗费这么长时间进行的修复工作也经常以失败告终
- 即便修复成功,也不一定能恢复到用户期待的状态。说到底,fsck 命令也只是将发生数据不一致的文件系统强行改变到可以挂载的状态而已。在这个过程中,一切不一致的数据与元数据都将被强制删除,如图 7-19 所示

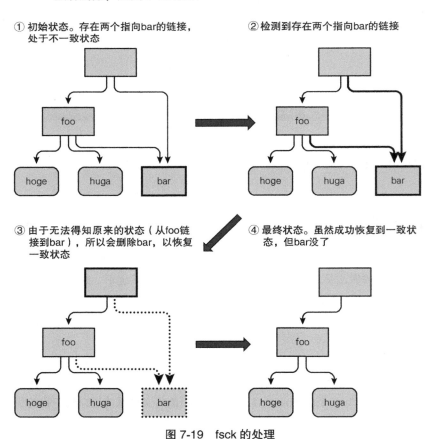

① 初始状态。存在两个指向bar的链接,处于不一致状态

② 检测到存在两个指向bar的链接

③ 由于无法得知原来的状态(从foo链接到bar),所以会删除bar,以恢复一致状态

④ 最终状态。虽然成功恢复到一致状态,但bar没了

图 7-19　fsck 的处理

由于在使用 fsck 时会存在上述几个问题，所以最佳解决方案还是**执行定期备份**。

7.9 文件的种类

我们在前面提到了文件的两种类型：保存用户数据的普通文件，以及保存其他文件的目录。在 Linux 中还有一种文件，称为**设备文件**。

Linux 会将自身所处的硬件系统上几乎所有的设备呈现为文件形式 [①]。因此在 Linux 上，设备如同文件一般，可以通过 open()、read()、write() 等系统调用进行访问。在需要执行设备特有的复杂操作时，就使用 ioctl() 系统调用。在通常情况下，只有 root 用户可以访问设备文件。

虽然设备也存在很多种类，但 Linux 将以文件形式存在的设备分为两种类型，分别为**字符设备**与**块设备**。所有设备文件都保存在 /dev 目录下。通过设备文件的元数据中保存的以下信息，我们可以识别各个设备。

- **文件的种类（字符设备或块设备）**
- **设备的主设备号**
- **设备的次设备号**

现在不需要在意主设备号与次设备号的区别。

接下来，让我们尝试列出 /dev 下的所有文件。

```
$ ls -l /dev
total 0
crw-rw-rw- 1 root tty     5,   0 Dec 18 11:39 tty
...
brw-rw---- 1 root disk    8,   0 Dec 17 09:49 sda
...
```

在 ls -l 的输出中，行首字母为 c 的是字符设备，为 b 的是块设备。第 5 个字段显示的是主设备号，紧接其后的第 6 个字段为次设备号。根据

---

① 网络适配器是例外，并不存在与之对应的文件。

这些信息可以得知，/dev/tty 是字符设备，而 /dev/sda 是块设备。

接下来将逐一介绍这两种设备。

7.10 字符设备

字符设备虽然能执行读写操作，但是无法自行确定读取数据的位置。下面列出了几个比较具有代表性的字符设备。

- **终端**
- **键盘**
- **鼠标**

其中，终端也分为很多种类，很难给出一个准确的定义，但现在只需将其理解为通过 bash 等 shell 程序执行命令的、充满字符的黑白画面或窗口即可。以终端为例，我们可以对其设备文件执行下列操作。

- **write() 系统调用：向终端输出数据**
- **read() 系统调用：从终端输入数据**

下面来实际执行这些操作。首先需要寻找当前进程对应的终端，以及该终端对应的设备文件。查看 ps ax 命令的输出结果中的第 2 个字段，即可得知各个进程关联的终端。

```
$ ps ax | grep bash
6417 pts/9     Ss     0:00 -bash
6432 pts/9     S+     0:00 grep bash
$
```

可以看到，bash 关联的终端对应的设备文件名为 /dev/pts/9。接着尝试向该文件写入一个字符串。

```
$ sudo su
#  echo hello >/dev/pts/9
hello
#
```

通过向终端写入字符串 hello（准确来说，是以设备文件为对象请求
write() 系统调用），即可在终端上输出该字符串。执行结果与 echo
hello 命令的执行结果一样，这是因为 echo 命令会把 hello 写入标准
输出，而 Linux 上的标准输出是指向终端的。

接下来，尝试对系统上的其他终端进行操作。首先在刚才的状态下再
启动一个新的终端，然后再次执行 ps ax 命令。

```
$ ps ax | grep bash
 6417 pts/9    Ss+    0:00 -bash
 6648 pts/10   Ss     0:00 -bash
 6663 pts/10   S+     0:00 grep bash
$
```

从执行结果可知，第 2 个终端对应的设备文件名为 /dev/pts/10。
接下来，尝试向该文件写入一个字符串。

```
$ sudo su
# echo hello >/dev/pts/10
#
```

在执行该命令后查看第 2 个终端，可以发现，这个终端上明明没有写
入任何东西，却输出了在前一个终端上写入设备文件的字符串。

```
$ hello
```

现实中其实很少有应用程序会直接操作终端的设备文件，取而代之的
是操作 Linux 提供的 shell 程序或者库。应用程序将利用它们提供的更易于
使用的接口。通过上面的实验，笔者希望大家至少能明白，平时用惯了的
bash 上的操作都会在底层被转换成对设备文件的操作。

7.11 块设备

块设备除了能执行普通的读写操作以外，还能进行随机访问，比较具
有代表性的块设备是 HDD 与 SSD 等外部存储器。只需像读写文件一样读
写块设备的数据，即可访问外部存储器中指定的数据。

正如之前提到的那样，通常不会直接访问块设备，而是在设备上创建一个文件系统并将其挂载，然后通过文件系统进行访问，但在以下几种情况下，需要直接操作块设备。

- 更新分区表（利用 **parted** 命令等）
- 块设备级别的数据备份与还原（利用 **dd** 命令等）
- 创建文件系统（利用各文件系统的 **mkfs** 命令等）
- 挂载文件系统（利用 **mount** 命令等）
- **fsck**

下面，我们尝试直接对块设备进行操作。由此，大家将能看见文件系统的"真面目"，而非平常使用的抽象为树状结构的状态。

首先，选择一个合适的分区，在上面创建一个 ext4 文件系统。

```
# mkfs.ext4 /dev/sdc7
mke2fs 1.42.13 (17-May-2015)
Creating filesystem with 244224 4k blocks and 61056 inodes
Filesystem UUID: ele22ad6-a569-47aa-9242-af61b11ee1a3
Superblock backups stored on blocks:
    32768, 98304, 163840, 229376

Allocating group tables: done
Writing inode tables: done
Creating journal (4096 blocks): done
Writing superblocks and filesystem accounting information: done

#
```

然后，挂载创建好的文件系统，并在上面创建一个文件，随意写入一些内容。

```
# mount /dev/sdc7 /mnt/
# echo "hello world" >/mnt/testfile
# ls /mnt/
lost+found testfile          ←在创建 ext4 文件系统时，必定会创建
# cat /mnt/testfile              一个 lost+found 文件
Hello world
# umount /mnt
```

下面来看一下该文件系统的原生数据。

这里利用 **strings** 命令，从包含文件系统数据的 /dev/sdc7 中提

取出字符串信息。通过 `string -t x` 命令，可以以一行一个字符串的格式列出文件中的字符串，每行中的第 1 个字段为文件偏移量，第 2 个字段为查找到的字符串。

```
# strings -t x /dev/sdc7
（略）
 f35020 lost+found
 f35034 testfile
...
803d000 hello world
10008020 lost+found
10008034 testfile
（略）
#
```

通过上面的输出结果可以得知，在 /dev/sdc7 中保存着下列信息。

- **lost+found 目录以及文件名 testfile（元数据）**[1]
- **testfile 文件中的内容，即字符串 hello world（数据）**

接下来，尝试直接在块设备上更改 testfile 的内容。

```
$ echo "HELLO WORLD" >testfile-overwrite
# cat testfile-overwrite
HELLO WORLD
# dd if=testfile-overwrite of=/dev/sdc7 seek=$((0x803d000)) ↵
bs=1                              ←把 HELLO WORLD 覆写到 testfile 中

# strings -t x /dev/sdc7
（略）
803d000 HELLO WORLD               ←直到刚才都还是 hello world
（略）
#
```

testfile 中的内容被成功地替换了。通过这一系列的实验，大家应该能明白，通过直接操作块设备的设备文件，即可操作外部存储器，并且隐藏在文件系统下的只是保存在外部存储器中的数据而已。

在本次实验中，为了向大家揭示文件系统与块设备之间的关系，我们直接通过块设备更改了文件系统的内容，但是在这样做时需要谨记以下几点。

---

[1] 不需要深究为什么这两个字符串会出现两次。

- 实验中那样的替换文件内容的方法，只是恰好能在当前版本的 ext4 文件系统上使用而已，不能保证适用于其他种类的文件系统以及以后版本的 ext4
- 随便地通过块设备更改文件系统的内容是很危险的，因此只应在测试用的文件系统上执行这种操作
- 不要在文件系统已挂载的状态下访问保存着该文件系统的块设备，否则将有可能破坏文件系统的一致性，并且损坏其中的数据

7.12　各种各样的文件系统

到现在为止，我们已经介绍了 ext4、XFS 和 Btrfs 这 3 种文件系统，这些都是存在于外部存储器中的文件系统。除此以外，Linux 上还存在各种各样的文件系统，接下来将对其中几个进行介绍。

7.13　基于内存的文件系统

tmpfs 是一种创建于内存（而非外部存储器）上的文件系统。虽然这个文件系统中保存的数据会在切断电源后消失，但由于访问该文件系统时不再需要访问外部存储器，所以能提高访问速度，如图 7-20 所示。

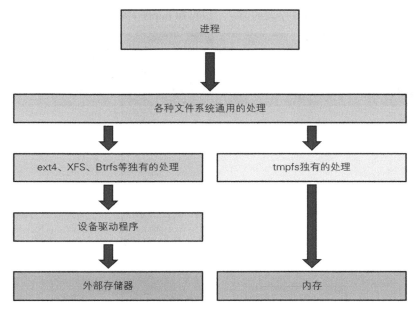

图 7-20 tmpfs

tmpfs 通常被用于 /tmp 与 /var/run 这种"文件内容无须保存到下一次启动时"的文件上。在笔者的计算机上也以各种用途使用了 tmpfs，如下所示。

```
$ mount | grep ^tmpfs
tmpfs on /run type tmpfs (rw,nosuid,noexec,relatime,size     ⏎
=3294200k,mode=755)
tmpfs on /dev/shm type tmpfs (rw,nosudid,nodev)
tmpfs on /run/lock type tmpfs (rw,nosudio,nodev,noexec,      ⏎
relatime,size=5120k)
tmpfs on /sys/fs/cgroup type tmpfs (rw,mode=755)
tmpfs on /run/user/108 type tmpfs (rw,nosuid,nodev,relatime, ⏎
size=3294200k,mode=700,uid=108,gid=114)
tmpfs on /run/user/1000 type tmpfs (rw,nosuid,nodev,relatime,⏎
size=3294200k,mode=700,uid=1000,gid=1000)
$
```

tmpfs 创建于挂载的时候。在挂载时，通过 size 选项指定最大容量。不过，并不是说从一开始就直接占用指定的内存量，而是在初次访问文件系统中的区域时，以页为单位申请相应大小的内存。通过查看 free 命令

的输出结果中 `shared` 字段的值，可以得知 **tmpfs** 实际占用的内存量。

```
$ free
         total    used      free   shared  buff/cache  available
Mem: 32942000  390620  28889232  108552     3662148    31818884
Swap:       0       0         0
$
```

在笔者的计算机中，**tmpfs** 占用的内存量为 `108552 KB`，即 106 MB 左右。

7.14　网络文件系统

到现在为止介绍的文件系统都是用于查看本地计算机上的数据的，而**网络文件系统**则可以通过网络访问远程主机上的文件，如图 7-21 所示。

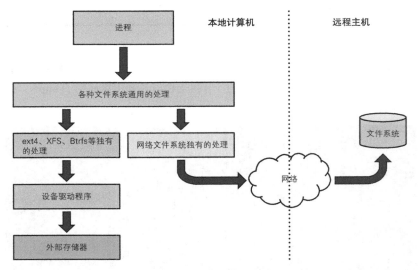

图 7-21　网络文件系统

虽然网络文件系统同样存在许多种类，但基本上，在访问 Windows 主机上的文件时，使用名为 **cifs** 的文件系统；而在访问搭载 Linux 等类 UNIX 系统的主机上的文件时，则使用名为 **nfs** 的文件系统。

7.15 虚拟文件系统

系统上存在着各种各样的文件系统，用于获取内核中的各种信息，以及更改内核的行为。有几种文件系统已经在本书中出现过，这里再次介绍一下。

● procfs

procfs 用于获取系统上所有进程的信息。它通常被挂载在 /proc 目录下。通过访问 /proc/ pid / 目录下的文件，即可获取各个进程的信息。在笔者的计算机上，bash 相关的信息如下所示。

```
$ ls /proc/$$
attr        cgroup       comm        cwd         fd          io  map_files
mountinfo   net          oom_adj     pagemap     root        sessionid   stack
status      timers       wchan       autogroup   clear_refs coredump_filter
environ     fdinfo       limits      maps        mounts          ns  oom_score
personality sched        setgroups   stat        syscall    timerslack_ns  auxv
cmdline     cpuset       exe  gid_map loginuid       mem    mountstats
numa_maps   oom_score_adj projid_map  schedstat   smaps         statm
task    uid_map
$
```

这里出现了大量的文件，我们看一下其中一部分。

- /proc/ pid /maps：进程的内存映射
- /proc/ pid /cmdline：进程的命令行参数
- /proc/ pid /stat：进程的状态，比如 CPU 时间、优先级和内存使用量等信息

除了进程的信息之外，使用 procfs 还能得到以下几点信息。

- /proc/cpuinfo：搭载于系统上的 CPU 的相关信息
- /proc/diskstat：搭载于系统上的外部存储器的相关信息
- /proc/meminfo：搭载于系统上的内存的相关信息
- /proc/sys 目录下的文件：内核的各种调优参数，与 sysctl 命令和 /etc/sysctl.conf 中的调优参数一一对应

到此为止使用过的 ps、sar、top 和 free 等用于显示 OS 提供的各种信息的命令，都是从 procfs 中采集信息的。

如需了解各个文件的详细含义，请参考 man proc 的内容。

● sysfs

在 Linux 引入 procfs 后不久，越来越多的乱七八糟的信息也被塞入其中，导致出现了许多与进程无关的信息。为了防止 procfs 被滥用，Linux 又引入了一个名为 sysfs 的文件系统，用来存放那些信息。sysfs 通常被挂载在 /sys 目录下。

sysfs 包括但不限于下列文件。

- **/sys/devices 目录下的文件：搭载于系统上的设备的相关信息**
- **/sys/fs 目录下的文件：系统上的各种文件系统的相关信息**

● cgroupfs

cgroup 用于限制单个进程或者由多个进程组成的群组的资源使用量，它需要通过文件系统 cgroupfs 来操作。另外，只有 root 用户可以操作 cgroup。cgroupfs 通常被挂载在 /sys/fs/cgroup 目录下。

通过 cgroup 添加限制的资源有很多种，举例如下。

- **CPU：设置能够使用的比例，比如令某群组只能够使用 CPU 资源总量的 50% 等。通过读写 /sys/fs/cgroup/cpu 目录下的文件进行控制**
- **内存：限制群组的物理内存使用量，比如令某群组最多只能够使用 1 GB 内存等。通过读写 /sys/fs/cgroup/memory 目录下的文件进行控制**

cgroup 通常被用于通过 Docker 之类的容器管理软件，或者 virt-manager 等虚拟机管理软件来限制各个容器或虚拟机的资源使用量。特别是多租户技术架构的系统上经常使用 cgroup，在这些系统上往往有多个客户的容器与虚拟机同时存在。

7.16 Btrfs

ext4 与 XFS 虽然存在些许差别，但两者都是从 UNIX（Linux 的根基）诞生之时就存在的文件系统，且两者都仅提供了创建、删除和读写文件等基本功能。近年来出现了许多功能更加丰富的新文件系统，其中比较具有代表性的就是 Btrfs。下面将介绍一下 Btrfs 提供的部分功能。

● 多物理卷

在 ext4 与 XFS 上需要为每个分区创建文件系统，但在 Btrfs 中不需要这样。Btrfs 可以创建一个包含多个外部存储器或分区的存储池，然后在存储池上创建可被挂载的区域，该区域称为**子卷**。存储池相当于 LVM 中的卷组，而子卷则类似于 LVM 中的逻辑卷与文件系统的融合。因此，为了便于理解 Btrfs 的机制，与其把它当成传统意义上的文件系统，不如把它当作文件系统与 LVM 等逻辑卷管理器融合后的产物，如图 7-22 所示。

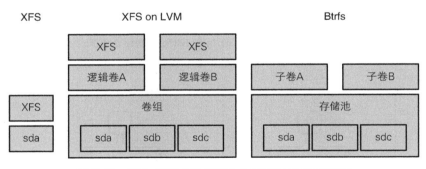

图 7-22　Btrfs 同时具备传统文件系统与 LVM 的功能

在 Btrfs 中，甚至还可以向现存的文件系统添加、删除以及替换外部存储器。即便这些操作导致容量发生变化，也无须调整文件系统大小，如图 7-23 所示。另外，这些操作都能在文件系统已挂载的状态下进行，无须卸载文件系统。

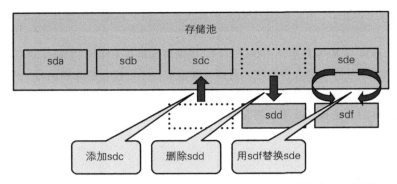

图 7-23　在 Btrfs 文件系统上可以添加、删除以及替换外部存储器

● 快照

　　Btrfs 可以以子卷为单位创建快照。创建快照并不需要复制所有的数据，只需根据数据创建其元数据，并回写快照内的脏页即可，因此创建快照与平常的复制操作比起来要快得多。而且，由于快照与子卷共享数据，所以创建快照的存储空间成本也很低。

　　下面就来看一下通常的复制操作与在 **Btrfs** 中创建子卷快照这两种备份方式在存储空间成本上的差距。首先是复制操作的情形，如图 **7-24** 所示。

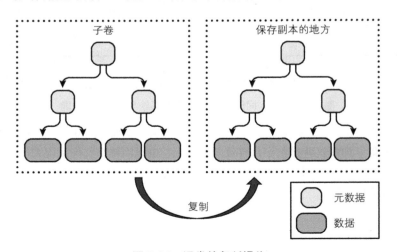

图 7-24　通常的复制操作

可以看到，不但需要创建新的元数据，还需要为所有数据创建一份副本。接着，来看一下在 Btrfs 上是如何创建快照的，如图 7-25 所示。

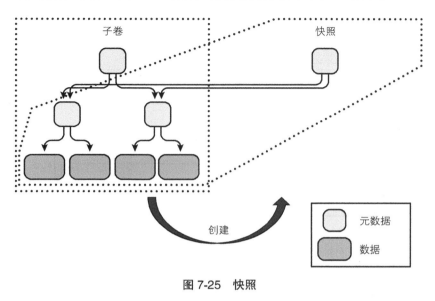

图 7-25　快照

只需创建一个新的根目录节点，然后为其创建指向下一层的节点的链接即可。也就是说，无须复制任何数据，因此比起复制操作要快得多。

● RAID

Btrfs 可以在文件系统级别上配置 RAID，支持的 RAID 级别有 RAID 0、RAID 1、RAID 10、RAID 5、RAID 6 以及 dup（在同一个外部存储器中对一份数据创建两份副本，适用于单设备）。另外，在配置 RAID 时，不是以子卷为单位，而是以整个 Btrfs 文件系统为单位。

首先来看一下没有配置 RAID 时的结构。假设在一个仅由 sda 构成的单设备 Btrfs 文件系统上存在一个子卷 A。在这种情况下，一旦 sda 出现故障，子卷 A 上所有的数据就会丢失，如图 7-26 所示。

与此相对，如果为文件系统配置了 RAID 1，那么所有数据都会被写入两台外部存储器（在本例中为 sda 与 sdb），所以即便 sda 出现故障，在 sdb 上也还保留着一份子卷 A 的数据，如图 7-27 所示。

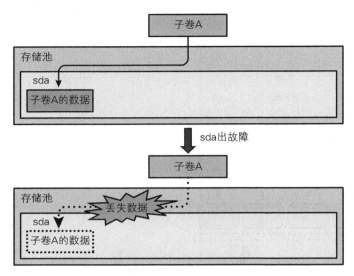

图 7-26　如果没有配置 RAID，则一旦 sda 出现故障，所有数据就会丢失

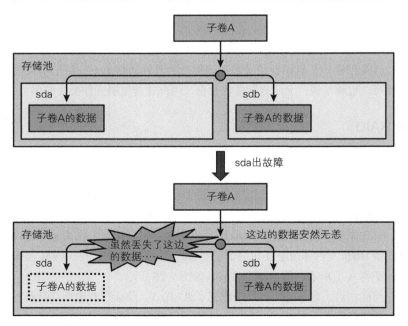

图 7-27　如果配置了 RAID 1，那么即便 sda 出现故障，也不会导致数据丢失

● 数据损坏的检测与恢复

当外部存储器中的部分数据损坏时，Btrfs 能够检测出来，如果配置了某些级别的 RAID，还能修复这些损坏的数据。而在那些没有这类功能的文件系统中，即便在写入时外部存储器中的数据因比特差错等而损坏了，也无法检测出这些损坏的数据，而是在数据损坏的状态下继续运行，如图 7-28 所示。

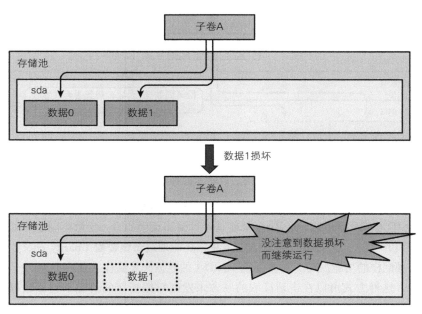

图 7-28　检测不到数据损坏，有可能在损坏的状态下继续运行

这有可能导致更多的数据被损坏，而且我们很难查明这种故障的起因。

与此相对，Btrfs 拥有一种被称为**校验和**（checksum）的机制，用于检测数据与元数据的完整性。通过这种机制，可以检测出数据损坏。如图 7-29 所示，如果在读取数据或者元数据时出现校验和报错，将丢弃这部分数据，并通知发出读取请求的进程出现了 I/O 异常。

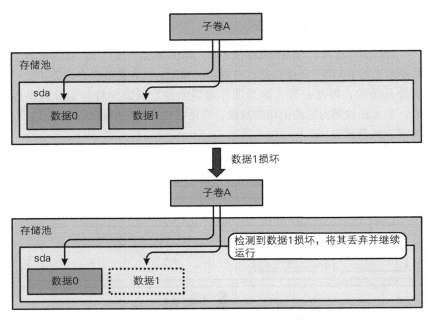

图 7-29　通过校验和检测数据损坏

在检测到损坏时，如果配置的 RIAD 级别是 RAID 1、RAID 10、RAID 5、RAID 6 或者 dup 之一，Btrfs 就能基于校验和正确的另一份数据副本修复破损的数据。在 RAID 5 和 RAID 6 中，还能通过**奇偶校验**（parity check）实现同样的功能。图 7-30 所示为 RAID 1 的数据修复流程。

这种方式可以在申请读取的一方未发现数据损坏的情况下完成数据修复。

在写作本书时，虽然 ext4 与 XFS 可以通过为元数据附加校验和来检测并丢弃损坏的元数据，但是对数据的检测、丢弃与修复功能则只有 Btrfs 提供。

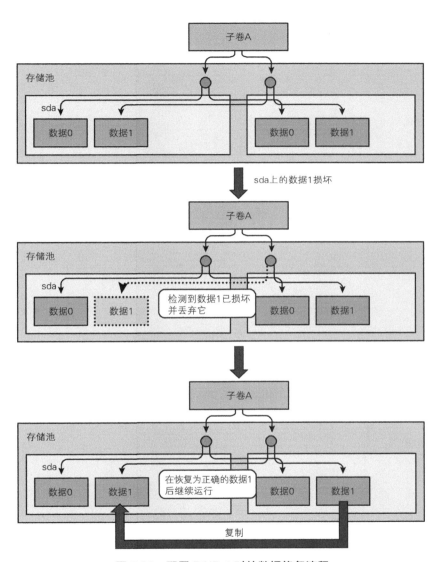

图 7-30 配置 RAID 1 时的数据修复流程

第 8 章

外部存储器

本章将介绍外部存储器以及与其相关的内核功能。

首先将介绍外部存储器中比较具有代表性的 HDD 的特性。接着介绍内核中利用 HDD 的特性来提高 I/O 性能的通用块层的相关内容。最后介绍近几年逐渐普及的、大有取代 HDD 的势头的 SSD。

8.1 HDD 的数据读写机制

HDD 用磁性信息表示数据，并将这些磁性数据记录在被称为**盘片**（platter）的磁盘上。HDD 读写数据的单位是**扇区** [1]，而非字节。在 HDD 的盘片上，沿半径方向与圆周方向划分出了多个扇区，并为每个扇区分配了序列号，如图 8-1 所示 [2]。

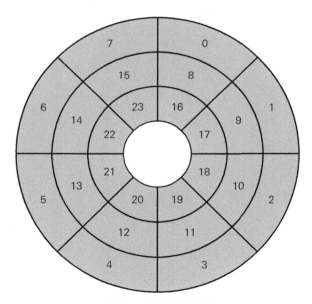

图 8-1　HDD 的扇区

HDD 通过名为**磁头**的部件读写盘片上各个扇区的数据。磁头安装在名

---

[1]　扇区的大小为 512 B 或者 4 KB。

[2]　实际上，外侧的每一圈的扇区数量比内侧多。

为**磁头摆臂**的部件上，该部件令磁头可以在盘片上沿直径方向移动。在此基础上，通过转动盘片，即可把磁头定位到想要读取的任意一个扇区的上方。HDD 上的数据传输流程如下所示。

① 设备驱动程序将读写数据所需的信息传递给 HDD，其中包含扇区序列号、扇区数量以及访问类型（读取或写入）等信息。
② 通过摆动磁头摆臂并转动盘片，将磁头对准需要访问的扇区。
③ 执行数据读写操作。
④ 在执行读取的情况下，执行完 HDD 的读取处理就能结束数据传输。

在 HDD 中执行这一系列处理时的情形如图 8-2 所示。

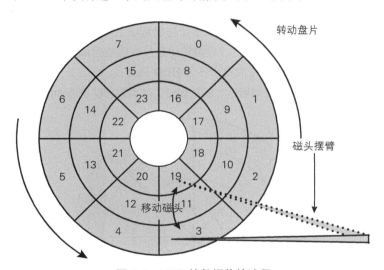

图 8-2　HDD 的数据传输流程

在前面的访问流程中，步骤①与步骤④是速度非常快的电子处理，而磁头摆臂的移动与盘片的转动则是速度慢得多的机械处理。因此，访问 HDD 时的延迟将受制于硬件的处理速度。这一延迟与只需电子处理的内存访问的延迟相比存在非常大的差距（详见 8.11 节）。访问过程中的各个步骤所消耗的时间大致上如图 8-3 所示。

可以看到，大部分延迟来自于机械处理。

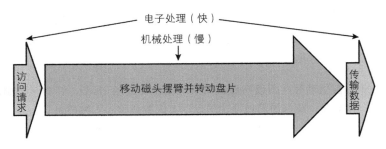

图 8-3 访问 HDD 所需要的时间

8.2 HDD 的性能特性

HDD 能在一次访问请求中读取多个连续扇区上的数据。因为磁头通过磁头摆臂在径向上对准位置后，只需转动盘片，就能读取多个连续扇区上的数据。一次读取的数据量取决于各个 HDD 自身。

在一次性读取扇区 0 到扇区 2 的数据时，磁头的移动轨迹如图 8-4 所示。

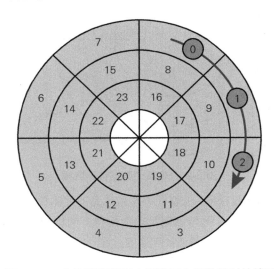

图 8-4 一次性读取扇区 0 到扇区 2 的数据时的情形

如果需要访问的扇区是连续的，却要分成多次来访问，就会增加访问处理的时间开销，如图 8-5 所示。

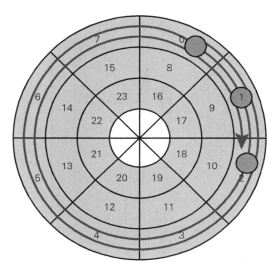

图 8-5 分成多次读取连续的扇区

与访问连续的扇区时的情形不同，在访问扇区 0、11、23 这种不连续的扇区时，则需要将访问请求分成多次发送给 HDD，这时访问轨迹会变长，如图 8-6 所示。

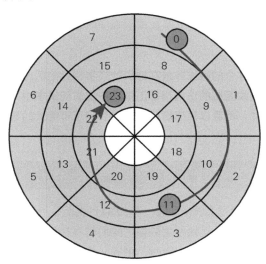

图 8-6 访问不连续的扇区

把这些处理各自消耗的时间排列到时间轴上，则如图 8-7 所示。

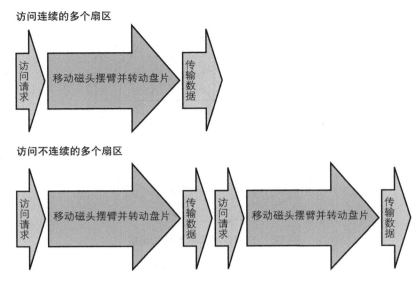

图 8-7　访问 HDD 的数据所消耗的时间（连续的扇区和不连续的扇区）

由于 HDD 具有这样的特性，所以各种文件系统都会尽量把文件中的数据存放在连续的区域上。大家在编写程序时也一样，尽量设计成下面这样比较好。

- 尽量将文件中的数据存放在连续的或者相近的区域上
- 把针对连续区域的访问请求汇集到一次访问请求中
- 对于文件，尽量以顺序访问的方式访问尽可能大的数据量

8.3　HDD 的实验

下面，让我们通过实验来确认一下 HDD 的性能是否如前面描述的那样。

为了能在实验中采集到原生数据，我们将直接读写块设备的数据。大家在各自的计算机上进行本实验时，请务必为测试准备一个未曾使用的分区，否则大家宝贵的数据就可能遭到损坏。

8.4 实验程序

本实验将测试下列内容。

- I/O 请求量的改变会引起什么样的性能变化？
- 顺序读取与随机读取有什么区别？

为此，需要编写一个实现下述要求的程序。

- 对指定分区中开头的 1 GB 的区域，发出总共 64 MB 的 I/O 请求
- 允许设定是执行读取还是写入，使用顺序访问还是随机访问，以及一次 I/O 请求的请求量
- 程序接收以下几个参数
  - 第 1 个参数：文件名
  - 第 2 个参数：是否启用内核的 I/O 支援功能（后述）
  - 第 3 个参数：访问的种类（ `r` = 读取、 `w` = 写入）
  - 第 4 个参数：访问的方式（ `seq` = 顺序访问、 `rand` = 随机访问）
  - 第 5 个参数：一次 I/O 请求的请求量（单位：KB）

完成后的程序如代码清单 8-1 所示。

代码清单8-1　io程序（io.c）

```
#define _GNU_SOURCE
#include <sys/types.h>
#include <sys/stat.h>
#include <fcntl.h>
#include <unistd.h>
#include <stdio.h>
#include <stdlib.h>
#include <string.h>
#include <stdbool.h>
#include <err.h>
#include <errno.h>
#include <sys/ioctl.h>
#include <linux/fs.h>

#define PART_SIZE    (1024*1024*1024)
#define ACCESS_SIZE  (64*1024*1024)
```

```
static char *progname;

int main(int argc, char *argv[])
{
    progname = argv[0];
    if (argc != 6) {
        fprintf(stderr, "usage: %s <filename> <kernel's help>
                <r/w> <access pattern>
                <block size[KB]>\n", progname);
        exit(EXIT_FAILURE);
    }

    char *filename = argv[1];

    bool help;
    if (!strcmp(argv[2], "on")) {
        help = true;
    } else if (!strcmp(argv[2], "off")) {
        help = false;
    } else {
        fprintf(stderr, "kernel's help should be 'on' or
                'off': %s\n", argv[2]);
        exit(EXIT_FAILURE);
    }

    int write_flag;
    if (!strcmp(argv[3], "r")) {
        write_flag = false;
    } else if (!strcmp(argv[3], "w")) {
        write_flag = true;
    } else {
        fprintf(stderr, "r/w should be 'r' or 'w': %s\n",
                argv[3]);
        exit(EXIT_FAILURE);
    }

    bool random;
    if (!strcmp(argv[4], "seq")) {
        random = false;
    } else if (!strcmp(argv[4], "rand")) {
        random = true;
    } else {
        fprintf(stderr, "access pattern should be 'seq' or
                'rand': %s\n", argv[4]);
        exit(EXIT_FAILURE);
    }

    int part_size = PART_SIZE;
    int access_size = ACCESS_SIZE;

    int block_size = atoi(argv[5]) * 1024;
    if (block_size == 0) {
        fprintf(stderr, "block size should be > 0: %s\n",
```

```
                    argv[5]);
        exit(EXIT_FAILURE);
    }
    if (access_size % block_size != 0) {
        fprintf(stderr, "access size(%d) should be multiple of
                block size: %s\n", access_size, argv[5]);
        exit(EXIT_FAILURE);
    }
    int maxcount = part_size / block_size;
    int count = access_size / block_size;

    int *offset = malloc(maxcount * sizeof(int));
    if (offset == NULL)
        err(EXIT_FAILURE, "malloc() failed");

    int flag = O_RDWR | O_EXCL;
    if (!help)
        flag |= O_DIRECT;

    int fd;
    fd = open(filename, flag);
    if (fd == -1)
        err(EXIT_FAILURE, "open() failed");

    int i;
    for (i = 0; i < maxcount; i++) {
        offset[i] = i;
    }
    if (random) {
        for (i = 0; i < maxcount; i++) {
            int j = rand() % maxcount;
            int tmp = offset[i];
            offset[i] = offset[j];
            offset[j] = tmp;
        }
    }

    int sector_size;
    if (ioctl(fd, BLKSSZGET, &sector_size) == -1)
        err(EXIT_FAILURE, "ioctl() failed");

    char *buf;
    int e;
    e = posix_memalign((void **)&buf, sector_size, block_size);
    if (e) {
        errno = e;
        err(EXIT_FAILURE, "posix_memalign() failed");
    }

    for (i = 0; i < count; i++) {
        ssize_t ret;
        if (lseek(fd, offset[i] * block_size, SEEK_SET) == -1)
            err(EXIT_FAILURE, "lseek() failed");
```

```
    if (write_flag) {
        ret = write(fd, buf, block_size);
        if (ret == -1)
            err(EXIT_FAILURE, "write() failed");
    } else {
        ret = read(fd, buf, block_size);
        if (ret == -1)
            err(EXIT_FAILURE, "read() failed");
    }
}
if (fdatasync(fd) == -1)
    err(EXIT_FAILURE, "fdatasync() failed");

if (close(fd) == -1)
    err(EXIT_FAILURE, "close() failed");

exit(EXIT_SUCCESS);
}
```

在阅读源代码时，需要注意以下几点。

- 为 open() 函数添加 O_DIRECT 标记，启用直接 I/O（Direct I/O）。
  在启用直接 I/O 后，可以禁用内核的 I/O 支援功能
- 通过 ioctl() 函数获取与指定设备对应的外部存储器上的扇区大小
- 源代码中的 buf 变量是用于保存外部存储器传输过来的数据的缓
  冲区，该缓冲区使用与 malloc() 函数类似的 posix_memalign()
  函数来申请内存区域。在通过该函数获取内存区域时，该区域的起
  始地址是函数参数中指定的数值的倍数（对齐）。这是因为在使用
  直接 I/O 时，缓冲区在内存中的起始地址与大小必须为外部存储器
  上的扇区大小的倍数
- 通过 fdatasync() 函数等待上一层中的 I/O 请求完成处理。因
  为在标准 I/O（而不是直接 I/O）中，如果仅用 write() 函数发出
  I/O 请求，并不会等待 I/O 请求完成处理

编译方法如下。

```
$ cc -o io io.c
$
```

8.5 顺序访问

使用下表中的参数来采集数据。

I/O 支援功能	种类	方式	单次 I/O 请求量
off	r	seq	4、8、16、32、64、128、256、512、1024、2048、4096
off	w	seq	4、8、16、32、64、128、256、512、1024、2048、4096

然后运行程序，结果如下。在笔者的计算机上，/dev/sdb 是 HDD，本次实验将在该设备中未曾使用过的 /dev/sdb5 分区上进行。

```
$ sudo su
# for I in 4 8 16 32 64 128 256 512 1024 2048 4096 ; do  ↵
time ./io /dev/sdb5 off r seq $i ; done

real    0m1.972s
（略）
real    0m1.311s
（略）
real    0m0.916s
（略）
real    0m0.695s
（略）
real    0m0.595s
（略）
real    0m0.537s
（略）
real    0m0.527s
（略）
real    0m0.509s
（略）
real    0m0.539s
（略）
real    0m0.499s
（略）
real    0m0.531s
#
```

将读取时与写入时测出的数据分别制作成图表，如图 8-8 与图 8-9 所示。纵轴上的吞吐量通过实验结果中的程序运行时间除以总的 I/O 请求量（64 MB）得到。

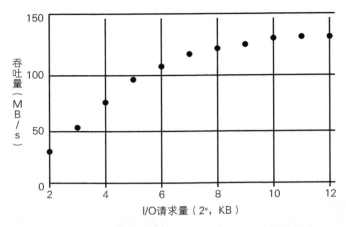

图 8-8　HDD 的顺序读取性能（禁用 I/O 支援功能）

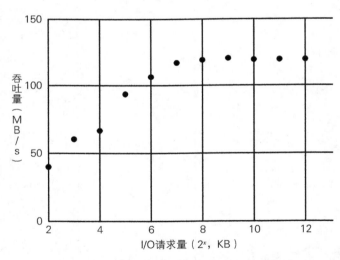

图 8-9　HDD 的顺序写入性能（禁用 I/O 支援功能）

可以看到，不管是读取还是写入，随着单次 I/O 请求量增大，吞吐量都有所提升。

但在单次 I/O 请求量达到 1 MB 后，性能就已经到达峰值了。这个值就是该 HDD 单次访问允许的数据量上限，同时也是该 HDD 设备的性能上限。顺便一提，如果单次 I/O 请求量超过数据访问的上限值，在通用块层中会将该访问划分为多次请求来执行。

8.6 随机访问

使用下表中的参数来采集数据。

I/O 支援功能	种类	方式	单次 I/O 请求量
off	r	rand	4、8、16、32、64、128、256、512、1024、2048、4096
off	w	rand	4、8、16、32、64、128、256、512、1024、2048、4096

将实验结果添加到顺序访问时的图表（图 8-8 与图 8-9）中进行比较，如图 8-10 与图 8-11 所示。

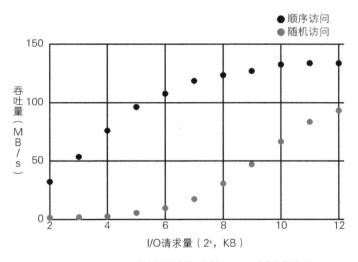

图 8-10　HDD 的读取性能（禁用 I/O 支援功能）

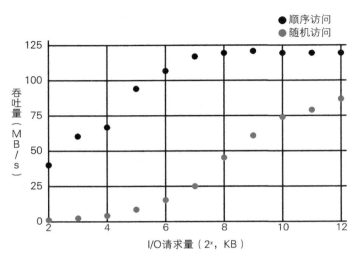

图 8-11 HDD 的写入性能（禁用 I/O 支援功能）

可以看到，不管是读取还是写入，随机访问的性能都比顺序访问差。特别是在 I/O 请求量较小时，差距更加明显。虽然随着 I/O 请求量变大，程序整体上等待访问完成的时间在减少，吞吐量也得以提升，但还是比不上顺序访问的性能。

8.7 通用块层

如第 7 章所述，Linux 中将 HDD 和 SSD 这类可以随机访问、并且能以一定的大小（在 HDD 与 SSD 中是扇区）访问的设备统一归类为块设备。

块设备可以通过设备文件直接访问，也可以通过在其上构建的文件系统来间接访问。大部分软件采用的是后一种方式。

由于各种块设备通用的处理有很多，所以这些处理并不会在设备各自的驱动程序中实现，而是被集成到内核中名为**通用块层**的组件上来实现，如图 **8-12** 所示。

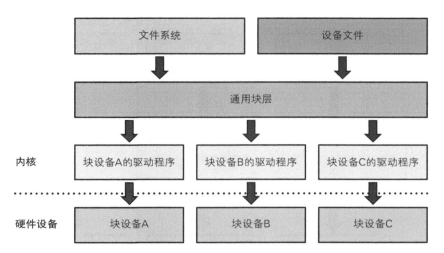

图 8-12　将各种块设备通用的处理集成到通用块层上

接下来将逐一介绍通用块层中的 I/O 调度器与预读功能。

8.8　I/O调度器

通用块层中的 I/O 调度器会将访问块设备的请求积攒一定时间，并在向设备驱动程序发出 I/O 请求前对这些请求进行如下加工，以提高 I/O 的性能。

- 合并：将访问连续扇区的多个 I/O 请求合并为一个请求
- 排序：按照扇区的序列号对访问不连续的扇区的多个 I/O 请求进行排序

也存在先排序再执行合并的情况，那样可以更大程度地提高 I/O 性能。I/O 调度器的运作方式如图 8-13 所示。

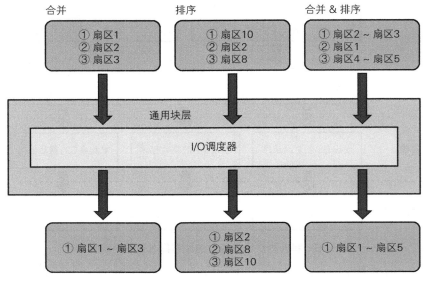

图 8-13　I/O 调度器的运作方式

　　有了 I/O 调度器，即便用户程序的开发人员不太了解块设备的性能特性，也能够在一定程度上发挥块设备的性能。

8.9　预读

　　如第 6 章所述，在程序访问数据时具有空间局部性这一特征。通用块层中的**预读**（read-ahead）机制就是利用这一特征来提升性能的。

　　当程序访问了外部存储器上的某个区域后，很有可能继续访问紧跟在其后的区域，而预读机制正是基于这样的推测，预先读取那些接下来可能被访问的区域，如图 8-14 所示。

　　如果之后与推测的一样，程序申请读取后面那部分区域，就可以省略该读取请求的 I/O 处理，因为这些数据已经被预先读取出来了（图 8-15）。

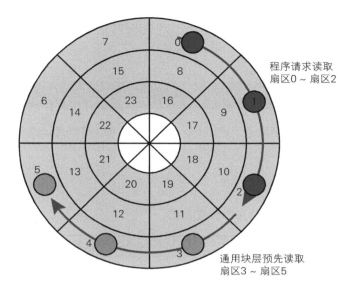

程序请求读取
扇区0 ~ 扇区2

通用块层预先读取
扇区3 ~ 扇区5

图 8-14 预读（1）

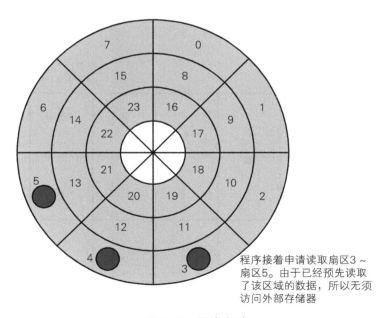

程序接着申请读取扇区3 ~
扇区5。由于已经预先读取
了该区域的数据，所以无须
访问外部存储器

图 8-15 预读（2）

该机制有望提高顺序访问的性能。即使推测的访问没有到来，也只需丢弃预读的数据即可。

8.10 实验

接下来，我们测试一下启用 I/O 支援功能时的 I/O 性能，并与禁用时的性能进行比较。

● 顺序访问

使用下表中的参数来进行数据采集。

I/O 支援功能	种类	方式	单次 I/O 请求量
on	r	seq	4、8、16、32、64、128、256、512、1024、2048、4096
on	w	seq	4、8、16、32、64、128、256、512、1024、2048、4096

将实验结果与禁用 I/O 支援功能时的数据一同制作成图表进行比较，如图 8-16 与图 8-17 所示。

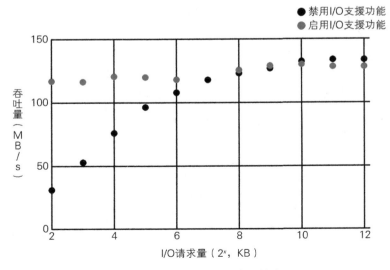

图 8-16　HDD 的顺序读取性能

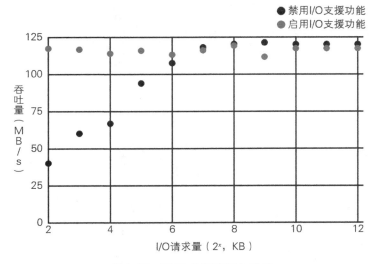

图 8-17　HDD 的顺序写入性能

在启用 I/O 支援功能后，读取和写入两种操作都能从 I/O 请求量较小时就把吞吐量发挥到接近 HDD 的性能极限。读取的性能提升主要得益于预读机制。在 io 程序的运行过程中，通过在另一个终端查看 iostat -x 命令的执行结果，就能知道性能提升的效果如何。首先来看一下当禁用 I/O 支援功能且 I/O 请求量为 4 KB 时的情况。

```
$ iostat -x -p sdb 1
（略）
Device       rrqm/s wrqm/s      r/s        w/s       rkB/s     wkB/s ⏎
avgrq-sz  avgqu-sz    await  r_await   w_await     svctm     %util
sdb            0.00   0.00     0.00       0.00       0.00      0.00 ⏎
0.00         0.00     0.00     0.00      0.00       0.00      0.00
（略）
sdb            0.00   0.00  2274.00       0.00    9096.00      0.00 ⏎
8.00         0.26     0.12     0.12      0.00       0.12     26.40
                                                            ←①
（略）
sdb            0.00   0.00  8487.00       0.00   33948.00      0.00 ⏎
8.00         0.98     0.11     0.11      0.00       0.11     97.60
（略）
sdb            0.00   0.00  5643.00       0.00   23524.00      0.00 ⏎
8.34         0.66     0.12     0.12      0.00       0.12     66.00
                                                            ←②
```

```
（略）
sdb              0.00    0.00    0.00     0.00     0.00    0.00⏎
0.00             0.00    0.00    0.00     0.00     0.00    0.00
（略）
```

  `sdb` 在①到②处执行 I/O 处理。可以看到，完成 64 MB 数据的读取操作需要耗费接近 3 秒。

  接下来看一下启用 I/O 支援功能时的情况（I/O 请求量为 4 KB）。

```
$ iostat -x -p sdb 1
（略）
Device      rrqm/s    wrqm/s      r/s      w/s     rkB/s    wkB/s⏎
avgrq-sz avgqu-sz    await   r_await   w_await    svctm    %util
sdb          0.00      0.00     0.00     0.00      0.00     0.00⏎
0.00         0.00      0.00     0.00     0.00      0.00     0.40
（略）
sdb          0.00      0.00   536.00     0.00  66808.00     0.00⏎
249.28       1.06      1.98     1.98     0.00      1.05    56.40
                                                            ←①
（略）
sdb          0.00      0.00     0.00     0.00      0.00     0.00⏎
0.00         0.00      0.00     0.00     0.00      0.00     0.00
...
```

  `sdb` 在①处执行 I/O 处理。可以看到，只需不到 1 秒就能读取完 64 MB 的数据。这是因为，在初次访问数据时，紧接在其后的数据也一起被预先读取出来了。在预读机制下，在读取后续的数据时，由于后续的数据已经存在于内存上了，所以处理所花费的时间也得以缩短。

  此时的合并处理又如何呢？可以通过 `rrqm/s` 字段得到读取处理的合并数，在本实验中该值为 0，代表这里并没有执行合并。为什么会这样呢？这是因为实验程序中的读取处理必须同步地从外部存储器读取数据，完成后再紧接着执行下一次读取操作，这令 I/O 调度器没有运行的机会。

  虽然在本书中没有涉及，但实际上 I/O 调度器只有在多个进程并行读取时或者在异步 I/O 等无须等待读取完成的 I/O 上才能发挥作用。

  启用 I/O 资源后的写入速度提升，则归功于 I/O 调度器的合并处理。在合并处理中，程序发出的零零碎碎的 I/O 申请将被全部合并并积攒起来，直到请求量达到 HDD 单次可以处理的上限后再实际发出 I/O 请求。与之前一样，让我们通过统计数据来看一下合并的实际运作方式。

首先是禁用 I/O 支援功能时的情况。

```
$ iostat -x -p sdb 1
（略）
Device          rrqm/s  wrqm/s      r/s      w/s      rkB/s     wkB/s⏎
avgrq-sz avgqu-sz  await  r_await  w_await     svctm     %util
sdb               0.00    0.00     0.00     0.00      0.00      0.00⏎
0.00              0.00    0.00     0.00     0.00      0.00      0.00
（略）
sdb               0.00    0.00     0.00  4966.00      0.00  19864.00⏎
8.00              0.46    0.09     0.00     0.09      0.09     46.00
                                                              ←①
（略）
sdb               0.00    0.00     0.00 10207.00      0.00  40828.00⏎
8.00              0.96    0.09     0.00     0.09      0.09     96.60
                                                              ←②
（略）
sdb               0.00    0.00    20.00  1211.00   1032.00   4844.00⏎
9.55              0.15    0.12     1.80     0.09      0.11     14.00
                                                              ←③
（略）
sdb               0.00    0.00     0.00     0.00      0.00      0.00⏎
0.00              0.00    0.00     0.00     0.00      0.00      0.00
（略）
```

外部存储器在①到③处执行 I/O 处理。接下来是启用 I/O 支援功能时的情况。

```
$ iostat -x -p sdb 1
（略）
Device          rrqm/s  wrqm/s      r/s      w/s      rkB/s     wkB/s⏎
avgrq-sz avgqu-sz  await  r_await  w_await     svctm     %util
sdb               0.00    0.00     0.00     0.00      0.00      0.00⏎
0.00              0.00    0.00     0.00     0.00      0.00      0.00
（略）
sdb               0.00 16320.00    0.00    18.00      0.00  18432.00⏎
2048.00           9.02   78.67     0.00    78.67      9.33     16.80
                                                              ←①
（略）
sdb               0.00    0.00    20.00    46.00   1032.00  47104.00⏎
1458.67           8.32  241.39     0.08   346.00      5.64     37.20
                                                              ←②
...
sdb               0.00    0.00     0.00     0.00      0.00      0.00⏎
0.00              0.00    0.00     0.00     0.00      0.00      0.00
（略）
```

外部存储器在①与②处执行 I/O 处理。可以看到，在①处，表示合并操作的 `wrqm/s` 字段的值增加了。

● 随机访问

使用下表中的参数来采集数据。

I/O 支援功能	种类	方式	单次 I/O 请求量
on	r	rand	4、8、16、32、64、128、256、512、1024、2048、4096
on	w	rand	4、8、16、32、64、128、256、512、1024、2048、4096

将实验结果与顺序访问时的数据一同制作成图表进行比较，如图 **8-18** 与图 **8-19** 所示。

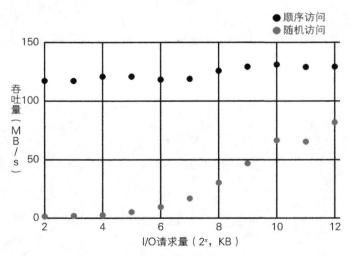

图 8-18　HDD 的读取性能（启用 I/O 支援功能）

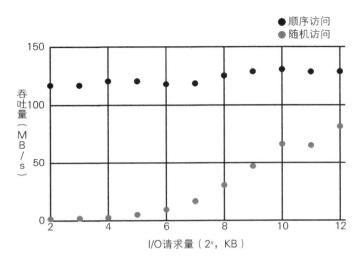

图 8-19　HDD 的写入性能（启用 I/O 支援功能）

可以看到，不管是读取还是写入，I/O 请求量越大，吞吐量就越接近顺序访问时的性能，但是两者都无法达到与顺序访问同级别的性能。

下面将这些数据与禁用通用块层的功能后测试得到的数据一同制作成图表进行比较，如图 8-20 与图 8-21 所示。

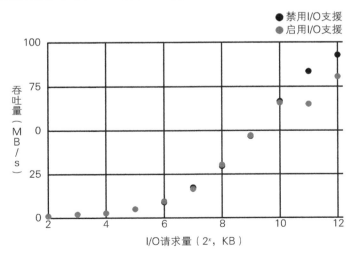

图 8-20　HDD 的随机读取性能

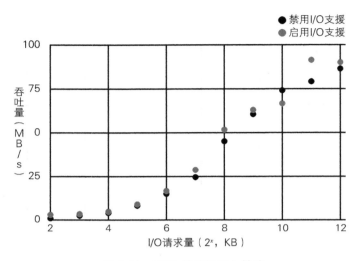

图 8-21　HDD 的随机写入性能

可以看到，不管是否启用 I/O 支援功能，随机读取的性能都几乎没有发生变化。为什么呢？之前曾提到过，在读取时 I/O 调度器并不会运行，而且因为不是顺序读取，所以预读机制也无法发挥作用。

至于写入方面的性能，虽然在图 8-21 中难以看出具体差距，但实际上在 I/O 请求量较小时，I/O 调度器是可以提升性能的。为了确认它具体发挥了多大效果，下面将图 8-21 中的纵轴变为"启用 I/O 支援功能时的数据 / 禁用 I/O 支援功能时的数据"这样一个比值，如图 8-22 所示。

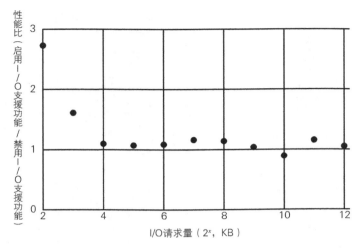

图 8-22 HDD 的写入性能的比值（启用 I/O 支援功能 / 禁用 I/O 支援功能）

启用 I/O 支援功能时采集的统计信息如下所示。

```
$ iostat -x -p sdb 1
（略）
Device      rrqm/s   wrqm/s      r/s       w/s   rkB/s     wkB/s ⏎
avgrq-sz avgqu-sz     await   r_await  w_await  svctm      %util
sdb           0.00     0.00     0.00      0.00    0.00      0.00 ⏎
0.00          0.00     0.00     0.00      0.00    0.00      0.00
（略）
sdb           0.00    48.00     0.00    473.00    0.00   2048.00 ⏎
8.66         51.08    83.58     0.00     83.58    0.75     35.60
（略）
sdb           0.00    57.00     0.00    832.00    0.00   3548.00 ⏎
8.53        144.25   168.89     0.00    169.89    1.20    100.00
（略）
sdb           0.00    64.00     0.00    667.00    0.00   2920.00 ⏎
8.76        143.79   207.17     0.00    207.17    1.50    100.00
（略）
sdb           0.00    69.00     0.00   1030.00    0.00   4388.00 ⏎
8.52        144.27   148.80     0.00    148.80    0.97    100.00
（略）
sdb           0.00    71.00     0.00    863.00    0.00   3756.00 ⏎
8.70        143.64   163.86     0.00    163.86    1.16    100.00
（略）
sdb           0.00    60.00     0.00    741.00    0.00   3192.00 ⏎
8.62        142.57   189.69     0.00    189.69    1.35    100.00
（略）
```

```
sdb        0.00    58.00    0.00    759.00    0.00   3280.00↵
8.64     143.21   187.87    0.00    187.87    1.32    100.00
（略）
sdb        0.00    64.00    0.00    839.00    0.00   3604.00↵
8.59     143.30   172.70    0.00    172.70    1.19    100.00
（略）
sdb        0.00    55.00    0.00    754.00    0.00   3240.00↵
8.59     143.46   187.73    0.00    187.73    1.33    100.00
（略）
sdb        0.00    46.00    0.00    581.00    0.00   2512.00↵
8.65     143.48   248.78    0.00    248.78    1.72    100.00
（略）
sdb        0.00    51.00    0.00    752.00    0.00   3196.00↵
8.50     142.96   195.08    0.00    195.08    1.33    100.00
（略）
sdb        0.00    56.00    0.00    876.00    0.00   3756.00↵
8.58     142.97   159.75    0.00    159.75    1.14    100.00
（略）
sdb        0.00    64.00    0.00    810.00    0.00   3452.00↵
8.52     142.69   177.17    0.00    177.17    1.23    100.00
（略）
sdb        0.00    40.00    0.00    653.00    0.00   2808.00↵
8.60     143.59   208.31    0.00    208.31    1.53    100.00
（略）
sdb        0.00    45.00    0.00    711.00    0.00   3028.00↵
8.52     143.01   215.13    0.00    215.13    1.41    100.00
（略）
sdb        0.00    55.00    0.00    791.00    0.00   3356.00↵
8.49     143.50   174.28    0.00    174.28    1.26    100.00
（略）
sdb        0.00    38.00    0.00    608.00    0.00   2596.00↵
8.54     143.41   226.60    0.00    226.60    1.64    100.00
（略）
sdb        0.00    33.00    0.00    627.00    0.00   2652.00↵
8.46     143.99   232.22    0.00    232.22    1.59    100.00
（略）
sdb        0.00    35.00    0.00    738.00    0.00   3092.00↵
8.38     141.68   207.18    0.00    207.18    1.36    100.00
（略）
sdb        0.00    36.00    0.00    729.00    0.00   3084.00↵
8.46     143.62   190.27    0.00    190.27    1.37    100.00
（略）
sdb        0.00    13.00   20.00    492.00 1032.00   2028.00↵
11.95     88.12   200.67    4.80    208.63    1.56     80.00
（略）
sdb        0.00     0.00    0.00      0.00    0.00      0.00↵
0.00       0.00     0.00    0.00      0.00    0.00      0.00
（略）
sdb        0.00     0.00    0.00      0.00    0.00      0.00↵
0.00       0.00     0.00    0.00      0.00    0.00      0.00
（略）
```

这里的合并处理的数量虽然达不到顺序写入时的程度，但合并确实有在发挥作用。这是在随机写入的过程中，将恰好访问相邻区域的 I/O 请求合并起来而产生的结果。

8.11 SSD

接下来介绍 SSD。与 HDD 最大的不同是，在访问 SSD 上的数据时，不会发生任何机械处理，只需执行电子处理即可完成访问。图 8-23 展示了在访问 HDD 与 SSD 时，时间分别消耗在了哪些地方，消耗了多少。

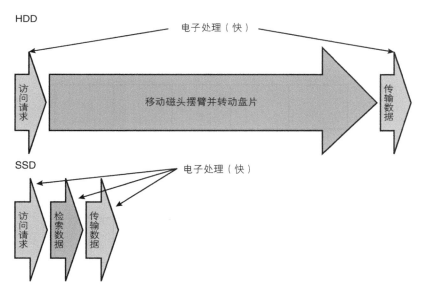

图 8-23　访问 HDD 与 SSD 的数据时消耗的时间

由于 SSD 具有上述特征，所以其随机访问的性能也比 HDD 快很多。

但也不能因为这样，就认为应当将世界上所有的 HDD 换成 SSD，更何况 SSD 单位容量的价格也比 HDD 贵。虽然现在两者的差距在逐渐缩小，但以目前的状况来看，这两种外部存储器应该会共存于世上。

● SSD 的实验

首先，在实验时禁用 I/O 支援功能。使用下表中的参数来采集顺序访问的数据。

I/O 支援功能	种类	方式	单次 I/O 请求量
off	r	seq	4、8、16、32、64、128、256、512、1024、2048、4096
off	w	seq	4、8、16、32、64、128、256、512、1024、2048、4096

将本次实验的结果与 HDD 的数据一同制作成图表进行比较，如图 8-24 与图 8-25 所示。

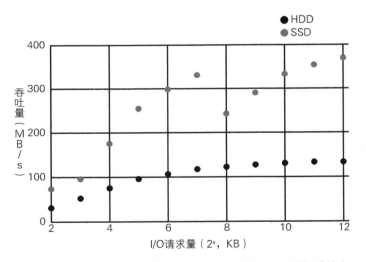

图 8-24　HDD 与 SSD 的顺序读取性能（禁用 I/O 支援功能）

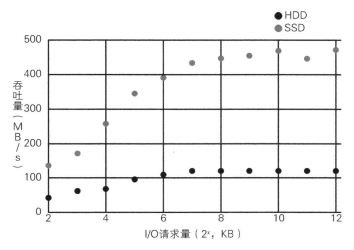

图 8-25　HDD 与 SSD 的顺序写入性能（禁用 I/O 支援功能）

可以看到，不管是读取还是写入，SSD 的速度都比 HDD 快得多。
下面来确认一下随机访问时的情况。使用下表中的参数来采集数据。

I/O 支援功能	种类	方式	单次 I/O 请求量
off	r	rand	4、8、16、32、64、128、256、512、1024、2048、4096
off	w	rand	4、8、16、32、64、128、256、512、1024、2048、4096

将实验结果与 HDD 的数据一同制作成图表进行比较，如图 8-26 与
图 8-27 所示。

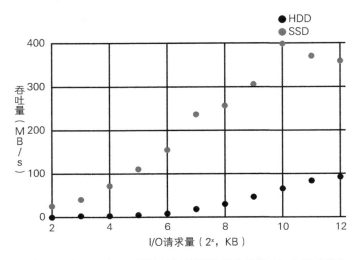

图 8-26　HDD 与 SSD 的随机读取性能（禁用 I/O 支援功能）

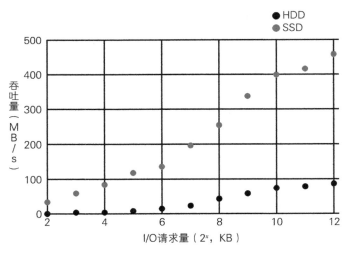

图 8-27　HDD 与 SSD 的随机写入性能（禁用 I/O 支援功能）

可以看到，与 HDD 相同的是，读取和写入两种操作的吞吐量都随着 I/O 请求量的增加而增加。另外，大家还需要注意 SSD 与 HDD 在吞吐量上的差距。大家应该发现了，在随机访问时两者的差距比顺序访问时还要大。

特别是当 I/O 请求量较小时，性能差距非常明显。虽然在顺序访问时 SSD 的吞吐量同样也比 HDD 高，但在随机访问时这个差距更加明显了。

SSD 在顺序访问与随机访问时的性能差距如图 8-28 与图 8-29 所示。

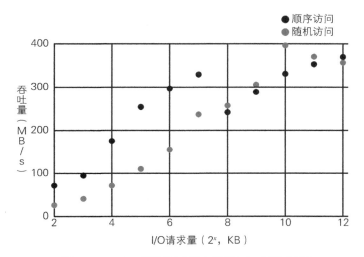

图 8-28　SSD 的读取性能（禁用 I/O 支援功能）

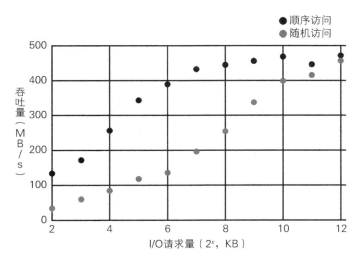

图 8-29　SSD 的写入性能（禁用 I/O 支援功能）

可以看到，顺序访问的性能比随机访问高，但差距并没有 HDD 的情况下那么明显。另外，当 I/O 请求量达到一定程度后，顺序访问与随机访问就几乎没有性能差距了。

现在来确认一下启用 I/O 支援功能时的性能。首先是顺序访问的性能，我们使用下表中的参数来采集数据。

I/O 支援功能	种类	方式	单次 I/O 请求量
on	r	seq	4、8、16、32、64、128、256、512、1024、2048、4096
on	w	seq	4、8、16、32、64、128、256、512、1024、2048、4096

将实验结果与 HDD 的数据一同制作成图表进行比较，如图 8-30 与图 8-31 所示。

可以看到，与 HDD 时一样，即便是较小的 I/O 请求量，吞吐量也能达到极限。而且读取时的性能提升也与 HDD 的情况一样，是预读机制发挥的效果。写入时的性能提升也与 HDD 的情况一样，主要得益于 I/O 调度器的合并处理。

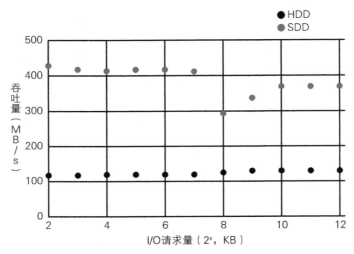

图 8-30　HDD 与 SSD 的顺序读取性能（启用 I/O 支援功能）

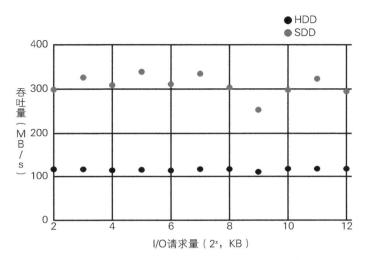

图 8-31 HDD 与 SSD 的顺序写入性能（启用 I/O 支援功能）

SSD 在启用 I/O 支援功能与禁用 I/O 支援功能时的性能差距如图 8-32 与图 8-33 所示。

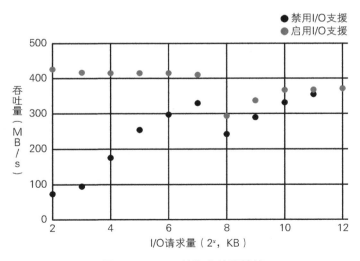

图 8-32 SSD 的顺序读取性能

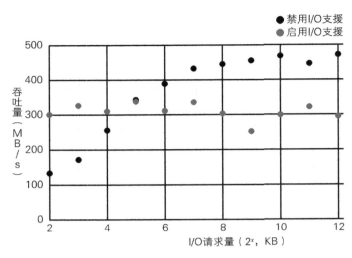

图 8-33　SSD 的顺序写入性能

　　读取时的情况与 HDD 一样。在写入的情况下，在 I/O 请求量比较大时，启用 I/O 支援功能时的性能甚至比禁用时还要低。这是因为在 SSD 中，无法忽略 I/O 调度器积攒 I/O 请求所产生的系统开销。而在 HDD 中，由于机械处理所消耗的时间远远长于 I/O 调度器产生的系统开销，所以并不会引发这样的问题。

　　SSD 的随机访问又是什么情况呢？使用下表中的参数来采集数据。

I/O 支援功能	种类	方式	单次 I/O 请求量
on	r	rand	4、8、16、32、64、128、256、512、1024、2048、4096
on	w	rand	4、8、16、32、64、128、256、512、1024、2048、4096

　　将实验结果与 HDD 的数据一同制作成图表进行比较，如图 8-34 与图 8-35 所示。

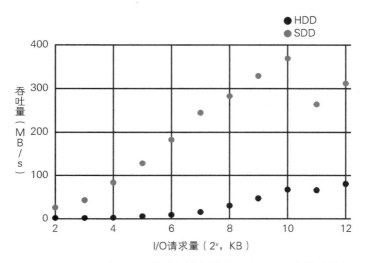

图 8-34　HDD 与 SSD 的随机读取性能（启用 I/O 支援功能）

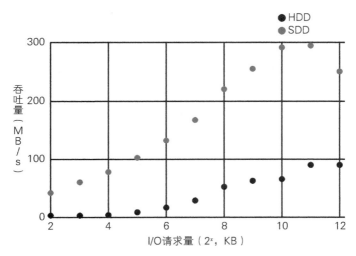

图 8-35　HDD 与 SSD 的随机写入性能（启用 I/O 支援功能）

　　虽然读取和写入两种操作的性能都有随着 I/O 请求量的增加而提升的倾向，但可以看到，SSD 的性能提升比 HDD 更加明显。与顺序访问时一样，I/O 请求量越小，性能提升越显著。

接下来是顺序访问与随机访问的性能比较，如图 8-36 与图 8-37 所示。

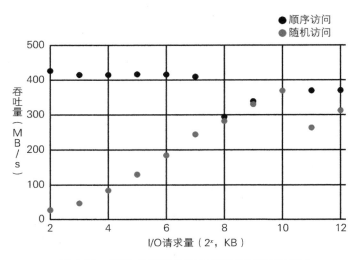

图 8-36 SSD 的读取性能（启用 I/O 支援功能）

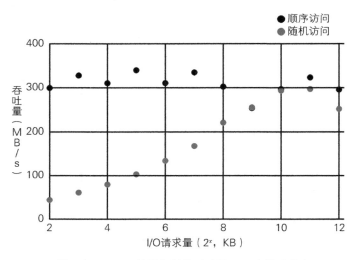

图 8-37 SSD 的写入性能（启用 I/O 支援功能）

可以看到，当 I/O 请求量较小时，随机访问要慢于顺序访问，但当 I/O 请求量达到一定程度后，两者的性能就变得基本一样了。

最后来看一下启用 I/O 支援功能与禁用 I/O 支援功能时的性能差距，如图 8-38 与图 8-39 所示。

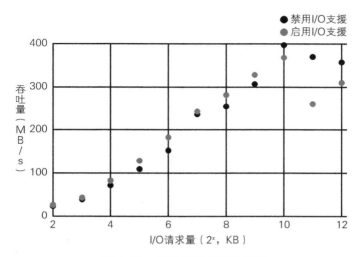

图 8-38 SSD 的随机读取性能

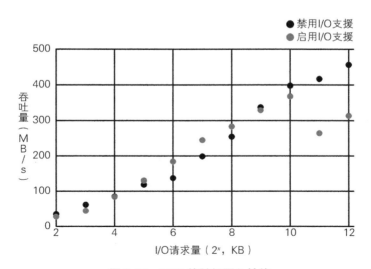

图 8-39 SSD 的随机写入性能

从读取性能来说，I/O 支援功能启用与否并不会对性能产生什么影响。这与 HDD 的情况一样，也是因为预读机制与 I/O 调度器无法发挥作用。为了更容易看出写入时的性能差距，下面我们同 8.10 节一样，将纵轴改成"启用 I/O 支援功能时的吞吐量 / 禁用 I/O 支援功能时的吞吐量"这一比值，如图 8-40 所示。

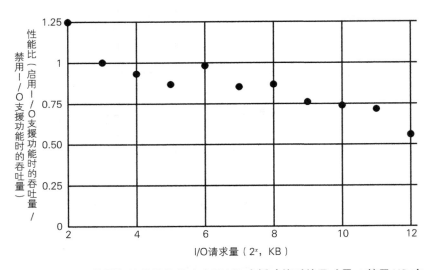

图 8-40 SSD 的写入性能的比值（启用 I/O 支援功能时的吞吐量 / 禁用 I/O 支援功能时的吞吐量）

可以看到，虽然在 I/O 请求量较小时，I/O 支援功能的确起到了提升性能的作用，但在 I/O 请求量稍微变大后，I/O 支援功能却起了反作用，启用 I/O 支援功能时的性能变得比禁用时更差了。这是因为，SSD 无法忽略 I/O 调度器积攒 I/O 请求所产生的系统开销，以及排序处理的效果不怎么理想。

8.12　总结

　　通过本章中的大量实验，大家应该已经明白，借助内核提供的 I/O 支援功能，即便用户不太了解 HDD 与 SSD 的特性，也能在一定程度上对访问进行优化。但是，并非什么时候都能最大限度地发挥出外部存储器的性能。特别是在 SSD 中的某些特殊情况下，I/O 调度器甚至会成为性能下降的元凶。

　　虽然之前已经提过了，但这里还是再次请大家在编写程序时一定要注意以下几点。

- 尽量将文件中的数据存放在连续的或者相近的区域
- 把针对连续区域的访问请求汇集到一次访问请求中
- 对于文件，尽量以顺序访问的方式访问尽可能大的数据量

后记

本书围绕 Linux 快速讲解了 OS 与硬件的基础知识。希望能够加深大家对计算机系统的理解，并提起大家对计算机系统的兴趣。

最后，笔者想为那些希望更加深入地了解计算机系统的读者介绍一些参考资料。

Computer Organization and Design: The Hardware/Software Interface, Fifth Editon [1]

这是一本关于计算机组成的经典名著，介绍了构成计算机系统的硬件的架构。

"What Every Programmer Should Know About Memory"

这是一篇对内存进行全方位说明的文章。"通过实验验证你所知道的知识"是这篇文章的主旨，让笔者很受启发。大家可以从网上搜索并免费下载这篇文章的 PDF 版。

《Linux 程序设计（第 2 版）》 [2]

这本书使用 C 语言简明扼要地解释了 Linux 编程。

Systems Performance: Enterprise and the Cloud [3]

这本书系统阐述了 Linux 与 Solaris 的性能测试。

Linux Kernel Development [4]

这本书通过源代码介绍了内核，适合对 Linux 内核感兴趣的读者阅读。

---

[1] 中文版书名为《计算机组成与设计：硬件 / 软件接口（原书第 5 版）》。——编者注

[2] 原书名为『ふつうの Linux プログラミング 第 2 版』，截至 2021 年 9 月，暂无中文版。——编者注

[3] 中文版书名为《性能之巅：洞悉系统、企业与云计算》。——编者注

[4] 中文版书名为《Linux 内核设计与实现》。——编者注

虽然这些参考文献没有那么好懂，但只要灵活运用从本书中学到的知识，静下心来阅读，应该也能够理解。大家没必要读完上面推荐的所有文献，可以只挑每本书中自己感兴趣的部分阅读，这是防止在阅读时产生厌倦情绪的诀窍。如果能够把这些文献全都读懂读透，相信大家会看到一个不一样的计算机系统的世界。至少对于笔者来说是这样的。

最后，非常感谢大家阅读本书。

版 权 声 明